高等学校计算机类特色教材

上海市高等学校信息技术水平考试参考教材

数据科学技术与应用

——基于 Python 实现（第 2 版）

宋　晖　刘晓强　主　编

王洪亚　杜　明　李柏岩　徐　波　编　著

电子工业出版社

Publishing House of Electronics Industry

北京·BEIJING

内 容 简 介

本书内容涵盖数据科学和大数据技术的基础知识，围绕数据科学的工作流程，详细介绍了从数据中获取知识的方法和技术，包括数据采集、数据整理与探索、数据可视化和数据建模预测等。本书介绍了人工智能前沿领域中文本、图像、语音、序列数据的主流分析处理方法，同时也阐述了基于大数据分布式计算框架处理海量数据的平台和工具。全书设计收集了多个数据应用案例，采用 Python 语言及相关科学计算工具包实现数据分析过程，帮助读者通过实际案例培养数据思维，掌握数据分析的实践技能，运用统计学、人工智能等先进技术解决实际问题。

本书通俗易懂、实例丰富、技术先进，配备丰富的教学资源，可作为各类高等院校数据科学、大数据技术的入门教材，以及计算机基础教学较高层次课程的教材，也可以作为数据科学实践的技术参考书。

图书在版编目（CIP）数据

数据科学技术与应用：基于 Python 实现 / 宋晖，刘晓强主编. —2 版. —北京：电子工业出版社，2021.7
ISBN 978-7-121-41515-9

Ⅰ. ①数… Ⅱ. ①宋… ②刘… Ⅲ. ①数据处理－高等学校－教材②软件工具－程序设计－高等学校－教材 Ⅳ. ①TP274②TP311.561

中国版本图书馆 CIP 数据核字（2021）第 132393 号

责任编辑：冉 哲 文字编辑：底 波
印 刷：北京天宇星印刷厂
装 订：北京天宇星印刷厂
出版发行：电子工业出版社
 北京市海淀区万寿路 173 信箱 邮编 100036
开 本：787×1092 1/16 印张：12.25 字数：313 千字
版 次：2018 年 8 月第 1 版
 2021 年 7 月第 2 版
印 次：2024 年 12 月第 6 次印刷
定 价：39.00 元

前　言

当今社会已进入大数据时代，社会、经济和生活逐渐被"数据化"，政府机构、企业等逐渐意识到数据已成为组织最重要的资产，数据分析解读能力正成为组织的核心竞争力。通过分析数据，改善实施计划、过程和决策，已成为各行业从业人员应具备的基本技能。

本书从培养数据思维角度，以实际应用案例作为驱动，围绕数据科学工作流程的核心问题，介绍从数据中获取知识的新思维方式、方法和技术。在传统的数据统计分析方法基础上，增加了基于机器学习的建模分析方法，通过图像、文本、语音等人工智能典型数据的应用案例引入数据科学的前沿技术，为大学生打开数据时代的创新之门。

本书结合编者多年来面向高校通识计算机教学的经验，将数据科学中的相关理论知识深入浅出，娓娓道来，尽可能避免深奥的数学表达，通过图表帮助读者理解数据分析方法的基本思想。各章节设计和引入了大量贴近生活、专业学习的案例，面向应用需求，归纳数据科学问题，设计解决方案，实现分析过程，解读分析结果以辅助决策。本书采用 Python 语言实现数据分析过程，尽可能使用简洁统一的函数集，使读者专注于解决问题的思维方式，减少程序实现方面的困扰。

第 2 版教材在第 1 版的基础上，主要改进如下。

1）第 4 章中引入了主流的 pyecharts 开源库，实现地图、动态交互图的绘制。

2）将原来机器学习建模分析拆分为两章，第 5 章在介绍浅层机器学习模型基础上，增加了集成学习和降维分析方法的应用。

3）第 6 章介绍神经网络与深度学习建模分析，在第 7、9 章中引入了采用深度学习模型处理文本、序列数据的新方法，去掉了较复杂的统计处理方法。

4）增加了第 10 章大数据技术，介绍常用的大数据框架 Hadoop 和 Spark，以及分布式建模分析的方法和常用工具。

5）修正了第 1 版中的一些错误，并对不合理之处进行了删减、增加或修改。

为了辅助教师开展教学，配合读者学习，本书在大多数节后附有思考与练习，在每章后提供综合练习题。另外，本书为一些章节内容添加了二维码，扫描二维码可以阅读相关文档或观看讲解视频。读者登录华信教育资源网（www.hxedu.com.cn）注册后可以免费下载本书资源包，其中包括电子课件、教学和实验案例，以及习题解答等。

本书由宋晖教授和刘晓强教授主编，王洪亚、杜明、李柏岩、徐波等教师参与了部分章节的编写工作。岳万琛、王舒怡、黎飞雪和方智和等学生帮助整理了书稿的部分内容及制作了教学资源，在此表示感谢。限于编者水平，书中不足之处在所难免，敬请读者和同行批评指正。

本书简介

编　者

目 录

第1章

数据科学基础

数据科学是一门新兴学科，它以数据为中心，帮助人们理解数据，用数据驱动创新，推动社会发展。今天数据科学的研究应用不仅限于科研人员、企业机构，普通人也开始关注如何在工作、日常生活中应用数据科学。本章介绍数据科学的基本概念及涵盖的专业领域，重点介绍数据科学的应用实例、数据科学分析问题的工作流程，以及本书实现数据分析的工具。

1.1 数据科学概述

1.1.1 数据的力量

随着计算机技术的发展，特别是进入大数据时代，数据正日益凸显其价值。工业、农业、服务业等各行业的行为以数据形式记录下来，人们的日常生活也被"数据化"，越来越多的政府、企业意识到数据正在成为组织最重要的资产，数据分析解读的能力成为组织的核心竞争力。数据分析帮助政府、企业、个人更好地洞察事实，改善计划和决策，直接影响组织和个人的行为，甚至在一定程度上改变了社会的未来。下面通过一些实例来认识数据对社会的影响。

政府机构汇集了医疗健康、城镇交通、义务教育、税收稽查、社会治理等各方面的数据。通过这些数据，政府能快速地获取关键、准确的信息，改进各项政策和工作，节约政府部门的治理时间、人力成本，也更新了治理思路和模式。

【例 1-1】 借助共享单车轨迹改善公交线路。

杭州公交集团发现 286B 路公交线路，在某两站每天都聚集着数百辆共享单车，杂乱地停放在人行道、非机动车道上。通过分析共享单车的出行轨迹，杭州公交集团发现共享单车主要来自于周边的社区，便对 286B 路公交车的线路进行优化，调整了首末班时间、发车频率，将车站增设到了社区，解决了居民"最后 1 公里"的出行问题，也减少了共享单车密集停放可能带来的道路隐患。

在企业日常运营中，每天都会产生大量的数据，通过分析这些数据，企业能够正确地了解经营现状，及时发现存在的隐患并分析原因，对未来的发展趋势进行预测，进而制定有效的战略决策。

【例 1-2】 借助对信用卡人群的数据分析，改善信贷决策。

金融机构根据新浪网整理的市场数据发现，在使用信用卡的主流人群和活跃用户中，18～24 岁的年轻人普遍有透支消费的习惯，但他们的还贷能力弱，收入较低且不稳定，风险较高。25～35 岁的年轻人的透支消费主要来源于房子、车子、孩子等刚性需求，存在长期大额信用贷款的巨大需求，且还贷能力强。数据显示，年轻男性的失信风险是女性的 1.3 倍。车主人群是无车人群信贷需求的 1.3 倍，但风险却低了 65%。所以金融信贷业务偏爱 25～35 岁、女性白领、车主等人群，为吸引这类人群制定了不同的信贷方案。

【例 1-3】 辅助放射科医生读片，提高医疗效率。

在医疗诊断过程中，CT、X 片等应用日益广泛。据统计，我国医学影像数据的年增长率约为 30%，而放射科医生数量的年增长率仅为 4.1%。很多医疗机构与研究单位合作，基于医院历史的影像资料，利用机器学习等方法建立识别模型，自动读片进行疾病的检测，在皮肤癌、直肠癌、肺癌识别，以及糖尿病视网膜病变、前列腺癌、骨龄检测等方面达到甚至超过人工识别的准确率。机器读片比较容易继承经验知识，可客观、快速地进行定性和定量分析，为医生诊断提供高效的辅助工具。

【例 1-4】 做优秀的面包店长。

花小仙经营了一家面包店，她每天都会记录主要产品的相关数据，包括各种面包的销量、质量、原料数量、价格等。通过建立简单的回归和时序模型分析这些数据后，花小仙预测了未来半年的收益、现金流，以及加大生产所需的机器和人力成本，最终她决定通过添置机器、不增加人力的方式来提高产量，将整个成本控制在未来现金流内。

【例 1-5】 物理实验数据分析。

大学物理实验课每次都需要处理很多实验数据，并撰写实验分析报告。大学生小夏尝试用数据科学方法来应对重复的数据处理过程。每次预习实验时，他都会按照物理模式做出表格，编写分析小程序实现数据预处理、异常数据检测、数据相关性分析、曲线拟合和误差分析。这样在实验过程中，小夏就能得到分析结果，同时还能发现不合理的数据，及时校正实验方法和步骤。通过数据科学的工作方法提高了小夏做物理实验的效率。

数据不仅是一种资源，也是一种战略、世界观和文化，它将带来一场社会变革，每个人都应当以开放的心态、协同的精神来迎接这场变革。正如从矿物质里发现了钢铁、汽油从而改变了人类的生活一样，数据也像一个矿，如何从中提炼出提高生命质量的产品，现在才刚刚开始。下面我们就开启"金子"的发现之旅。

1.1.2 数据科学的知识结构

数据是对世界本真的原始记录，表示为零散的符号，如人的年龄、室外的温度、公园的路线图、腊梅的图片、一段声音。数据本身并没有意义，经过组织和处理后，数据被抽象为信息，用来表示某件事物和某种场景，如冬天的公园；将数据和信息经过处理转化为一组规则来辅助决策，得到的就是知识，如基于公园的信息，给出在冬天公园中的最佳观赏路线图。

　　数据科学（Data Science）研究的就是从数据形成知识的过程，通过假定设想、分析建模等处理分析方法，从数据中发现可使用的知识，并改进关键决策的过程。数据科学的最终产物是数据产品，是由数据产生的可交付物或由数据驱动的产物，表现为一种发现、预测、服务、推荐、决策的工具或系统。

　　数据科学虽然是新兴学科，但并不是一夜之间出现的，数据科学的研究者和从业人员继承了前辈数十年甚至数百年的工作成果，包括统计学、计算机科学、数学、工程学及其他学科。数据科学已渗透到社会的各个行业并通过高等教育传播开来。数据密集型、计算驱动的工作成为未来的热点。

　　数据科学的知识范畴主要包括专业领域知识、数学、计算机科学，其相互关系如图 1-1 所示（数据分析知识结构的韦恩图有众多版本，这里引用的是雪莉·帕尔默版本）。

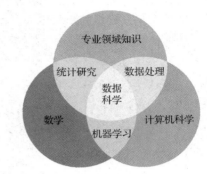

图 1-1　数据科学各专业的关系（韦恩图）

1. 专业领域知识

　　从事数据工作的人员需要了解数据来源的业务领域，充分应用领域知识提出正确的问题。每个人都想知道如何提高销量，这确实是个问题，但领域专家能提出更具体的问题，以引导实现可量化。例如，使用数据集是否能提高部门的产量？是否可以通过零售数据、天气模式数据及停车场密度数据来提高资产回报率？这些细节问题可以帮助数据分析找到行动的方向。

2. 数学

　　在数据科学中，数学家是团队中解决问题的人，他们能够建立概率统计模型进行信号处理、模式识别、预测性分析。数据科学具有魔力，能在大数据集上使用精妙的数学方法产生不可预期的洞察力。科学家研发出人工智能、模式匹配和机器学习等方法来建立这些预测模型。

3. 计算机科学

　　数据科学是运用计算机系统来实现的，数据科学项目需要建立正确的系统架构，包括存储、计算和网络环境，针对具体需求设计相应的技术路线，选用合适的开发平台和工具，最终实现分析目标。

　　数据科学是综合性的交叉学科，数学统计知识为数据科学提供了数理基础，计算机程序通过代码实现数据分析的过程并展示结果。数据本身来源于领域，分析处理结果又服务于领域应用，因此领域知识在数据科学中居于指导地位，行业领域中的先验知识帮助数据专业人员理解问题、收集数据，并且得到相应的知识，辅助应用决策。

1.1.3　数据科学的工作流程

数据科学是系统科学，其研究内容包括数据理论、数据处理及数据管理等。通常人们用术语"数据分析"表示数据科学的核心工作，即面向具体应用需求，进行原始数据收集、信息准备、模式分析并形成知识、创造价值的活动。

数据分析的关键步骤包括问题描述、数据准备、数据探索、预测建模和分析成果应用，如图 1-2 所示。

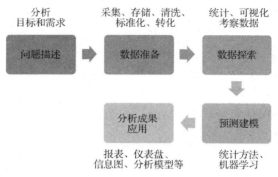

图 1-2　数据分析的关键步骤

1. 问题描述

数据科学不是因为有了数据就针对数据进行分析，而是先有需要解决的问题，然后对应地搜集数据、分析数据，最终找出答案。基于专业背景界定问题，明确数据分析的目标和需求是数据分析项目成败的关键所在。从数据理论的角度可将分析问题的种类分为推理性问题、描述性问题、探索性问题、预测性问题、因果问题和相关性问题等。

2. 数据准备

数据准备包括数据采集、存储、清洗、标准化，最终转化为可供分析的数据。面向问题需求，我们可以从多种渠道采集到相关数据，如互联网爬取、业务系统生成、检测设备记录等，然后按照业务逻辑将这些形式各异的数据组织为格式化的数据，去掉其中的冗余数据、无效数据，填补缺失数据。

3. 数据探索

数据探索主要采用统计方法或可视化的方法来考察数据，并且观察数据的统计特性，以及数据成员之间的关联、模式等。可视化的方法能够提供数据概览，从而找到有意义的模式。在数据探索过程中，如果发现数据有重复值、缺失值或异常值的情况，就需要重新进行清洗。

4. 预测建模

根据分析目标，通过机器学习或统计方法，从数据中建立问题描述模型。选择何种方法主要取决于是分类预测问题，还是描述性问题，或是关联性分析问题。建立模型应尝试多种算法，每种算法都有相对适用的数据集，需要根据数据探索阶段获得的数据集特性来选择。因此，这个阶段另一个重要任务就是对生成的模型进行评估，尝试多种算法及各种参数设置，从而获得特定问题的相对最优解答。

5．分析成果应用

数据分析的成果包括分析模型、分析结果等多种形式。分析模型被集成到 Web 应用系统、移动应用中形成数据产品。系统使用这些模型对未来数据进行分析预测，其分析结果以报表、二维图、仪表盘或信息图等多种形式展示，也可直接粘贴到报告中，形成各种商业、行业、政府分析报告。

数据分析应用的成功不仅取决于分析技术方法，还在于对数据对象业务领域的理解，数据科学工作流程的每个环节都需要发挥专业领域知识的作用，指导分析过程走向正确的方向。

思考与练习

1．结合自己的专业方向，使用互联网调研 1～2 个数据科学的应用案例。
2．收集自己的消费数据清单，分析有哪些非必要的开支。

1.2　数据科学的关键技术

1.2.1　数据采集

数据采集具有悠久的历史。在远古时期，人们便学会了在绳子上打结来进行数字的记录，如图 1-3（a）所示。公元 1 世纪，张衡观测记录了 2500 颗恒星的位置，创制了世界上第一架漏水转浑天仪，如图 1-3（b）所示。20 世纪美国总统罗斯福为了推行社会保障法，于 1934—1937 年开展了一项数据收集的计划，整理了美国 2600 万个员工和 300 万个雇主的记录。进入 21 世纪，人们借助于互联网、物联网，能够快捷地搜集更大量的数据为应用服务。

（a）结绳计数　　　　　　　　　　　　（b）漏水转浑天仪

图 1-3　数据采集技术

数据科学的数据采集是指根据领域问题、分析目标及应用需求收集相关数据的过程，其采集方法包括人工采集、传感器采集、系统日志采集和网络爬虫采集等。

1. 人工采集

人工采集是一种非常传统的数据采集方法，至今已有数千年的历史，如在我国西汉年间就开始了第一次人口普查。1895 年，统计学提出了抽样调查方法，又经过 30 多年的完善，已成为一种更及时、更经济的数据采集方法，被广泛应用在经济、社会和科学研究领域。今天互联网、手机 APP 上的各种问卷调查仍然属于人工采集数据的范畴，它是针对特定问题收集信息的有效方式。

2. 传感器采集

传感器是一种检测装置，能感受特定的被测量物体并转换为电信号或数字信号输出，便于数据存储和分析。传感器有多种类型，用以检测现实中的温度、光照、湿度、位置、压力、速度、浓度等各种物理量、生物量、化学量，如图 1-4 所示。

图 1-4　传感器实物图

传感器已广泛应用于各种领域，如手机安装了重力感应、加速度、光线、GPS 等传感器，可用于收集手机的状态信息；机器人、无人机也集成了大量的传感器，用于搜集设备当前的状态、环境信息，实时做出判断。工业物联网依赖传感器收集现场信息，通过传感器网络传递到核心处理设备进行分析处置。

3. 系统日志采集

系统日志采集方法是使用系统日志记录硬件、软件和系统发生问题的信息，同时还可以监视系统中发生的事件，用户通过分析系统日志来检查问题发生的原因，或者寻找设备受到攻击时，攻击者所留下的痕迹。日志信息一般记录为流式数据。

服务器操作系统在其运行的生命周期中会记录大量的日志信息，企业的应用系统每天也会产生大量的日志，某系统工作日志库如图 1-5 所示，如搜索引擎的页面浏览量、查询量、网站用户浏览行为记录等。对这些数据的分析挖掘，能够帮助企业精准了解用户行为、改进营销策略，提高服务收益。

4. 网络爬虫采集

网络爬虫采集是通过网络爬虫自动下载网页，并根据一定的规则提取网页中所需要的信息，这是实现互联网数据采集的主要方法。

_index	_type	_id	_score ▲	@version	@timestamp	message
system-2021.03.04	_doc	bOUu-3cBzJ7_1037rOg7	1	1	2021-03-04T03:01:15.228Z	Feb 4 20:05:26 192 journal: Runtime journal is using 8.0M (max allowed 90.9M, trying to leave 136.4M free of 901.7M available → cu
system-2021.03.04	_doc	beUu-3cBzJ7_1037rOg7	1	1	2021-03-04T03:01:15.277Z	Feb 4 20:05:26 192 kernel: Initializing cgroup subsys cpuset
system-2021.03.04	_doc	buUu-3cBzJ7_1037rOg7	1	1	2021-03-04T03:01:15.289Z	Feb 4 20:05:26 192 kernel: Initializing cgroup subsys cpu
system-2021.03.04	_doc	b-Uu-3cBzJ7_1037rOg7	1	1	2021-03-04T03:01:15.290Z	Feb 4 20:05:26 192 kernel: Initializing cgroup subsys cpuacct
system-2021.03.04	_doc	cOUu-3cBzJ7_1037rOg7	1	1	2021-03-04T03:01:15.290Z	Feb 4 20:05:26 192 kernel: Linux version 3.10.0-957.el7.x86_64 (mockbuild@kbuilder.bsys.centos.org) (gcc version 4.8.5 20150623
system-2021.03.04	_doc	ceUu-3cBzJ7_1037rOg7	1	1	2021-03-04T03:01:15.290Z	Feb 4 20:05:26 192 kernel: Command line: BOOT_IMAGE=/vmlinuz-3.10.0-957.el7.x86_64 root=/dev/mapper/centos-root ro crashke
system-2021.03.04	_doc	cuUu-3cBzJ7_1037rOg7	1	1	2021-03-04T03:01:15.291Z	Feb 4 20:05:26 192 kernel: e820: BIOS-provided physical RAM map:
system-2021.03.04	_doc	c-Uu-3cBzJ7_1037rOg7	1	1	2021-03-04T03:01:15.291Z	Feb 4 20:05:26 192 kernel: BIOS-e820: [mem 0x0000000000000000-0x000000000009ebff] usable
system-2021.03.04	_doc	dOUu-3cBzJ7_1037rOg7	1	1	2021-03-04T03:01:15.291Z	Feb 4 20:05:26 192 kernel: BIOS-e820: [mem 0x000000000009ec00-0x000000000009ffff] reserved
system-2021.03.04	_doc	deUu-3cBzJ7_1037rOg7	1	1	2021-03-04T03:01:15.291Z	Feb 4 20:05:26 192 kernel: BIOS-e820: [mem 0x00000000000dc000-0x00000000000fffff] reserved
system-2021.03.04	_doc	duUu-3cBzJ7_1037rOg7	1	1	2021-03-04T03:01:15.292Z	Feb 4 20:05:26 192 kernel: BIOS-e820: [mem 0x0000000000100000-0x000000007fedffff] usable
system-2021.03.04	_doc	d-Uu-3cBzJ7_1037rOg7	1	1	2021-03-04T03:01:15.292Z	Feb 4 20:05:26 192 kernel: BIOS-e820: [mem 0x000000007fee0000-0x000000007fefefff] ACPI data
system-2021.03.04	_doc	eOUu-3cBzJ7_1037rOg7	1	1	2021-03-04T03:01:15.292Z	Feb 4 20:05:26 192 kernel: BIOS-e820: [mem 0x000000007feff000-0x000000007fefffff] ACPI NVS
system-2021.03.04	_doc	eeUu-3cBzJ7_1037rOg7	1	1	2021-03-04T03:01:15.293Z	Feb 4 20:05:26 192 kernel: BIOS-e820: [mem 0x000000007ff00000-0x000000007fffffff] usable
system-2021.03.04	_doc	euUu-3cBzJ7_1037rOg7	1	1	2021-03-04T03:01:15.294Z	Feb 4 20:05:26 192 kernel: BIOS-e820: [mem 0x00000000f0000000-0x00000000f7ffffff] reserved
system-2021.03.04	_doc	e-Uu-3cBzJ7_1037rOg7	1	1	2021-03-04T03:01:15.294Z	Feb 4 20:05:26 192 kernel: BIOS-e820: [mem 0x00000000fec00000-0x00000000fec0ffff] reserved
system-2021.03.04	_doc	fOUu-3cBzJ7_1037rOg7	1	1	2021-03-04T03:01:15.294Z	Feb 4 20:05:26 192 kernel: BIOS-e820: [mem 0x00000000fee00000-0x00000000fee00fff] reserved
system-2021.03.04	_doc	feUu-3cBzJ7_1037rOg7	1	1	2021-03-04T03:01:15.295Z	Feb 4 20:05:26 192 kernel: BIOS-e820: [mem 0x00000000fffe0000-0x00000000ffffffff] reserved
system-2021.03.04	_doc	fuUu-3cBzJ7_1037rOg7	1	1	2021-03-04T03:01:15.295Z	Feb 4 20:05:26 192 kernel: NX (Execute Disable) protection: active
system-2021.03.04	_doc	f-Uu-3cBzJ7_1037rOg7	1	1	2021-03-04T03:01:15.295Z	Feb 4 20:05:26 192 kernel: SMBIOS 2.7 present.
system-2021.03.04	_doc	gOUu-3cBzJ7_1037rOg7	1	1	2021-03-04T03:01:15.296Z	Feb 4 20:05:26 192 kernel: DMI: VMware, Inc. VMware Virtual Platform/440BX Desktop Reference Platform, BIOS 6.00 07/29/2019
system-2021.03.04	_doc	geUu-3cBzJ7_1037rOg7	1	1	2021-03-04T03:01:15.296Z	Feb 4 20:05:26 192 kernel: Hypervisor detected: VMware

图 1-5　某系统工作日志库

网络爬虫的对象主要是各类网站，包括新闻类、社交类、购物类等，某些网站可提供专业信息爬取的 API，如天气信息、股票信息、微博等，有些是流型数据，如视频的一些弹幕数据。

1.2.2　数据预处理

在实际应用中，通常会综合多种途径、多种方法采集数据，这些数据需要进行清洗，按照分析目标汇集后才能进行分析。数据预处理将去除采集数据中的异常值，提高数据质量，对数据进行变换、规约，以满足分析算法的需求。

1. 数据清洗

数据清洗是对数据进行审核和校验的过程，需要删除重复信息，纠正存在的错误，保证数据的一致性。通常数据来自多个业务系统，会存在对同一实体的描述不一致的问题；部分数据由于机器原因或人为原因可能产生缺失或无效问题。为解决这些问题，可以考虑采用删除错误数据、修正错误数据、填充缺失值等方法。

2. 数据集成

当所需数据来自不同的数据源时，需要根据分析目标，将它们集成为一个统一结构的数据集合。如果数据已经存储在数据库中，则可以采用数据库管理系统提供的导入工具；如果来自不同类型的数据库、文件系统，则可以采用 ETL（Extract Transform Load）工具从数据源中抽取所需数据，经过数据清洗，最终按照预先定义好的数据模型，将数据加载到目标数据集中。

3. 数据变换

采集的数据有多种类型，如离散的可选值、字符或字符串等，有些分析方法只支持连续的数值型数据，所以必须对数据的类型进行转换。表示现实对象不同属性的数据值往往具有不同的量纲，如果不进行处理会直接影响数据分析的效果，这时通常需要归一化。

当直接使用采集获取的数据进行分析，效果难以达到要求时，也会借助专业领域知识，对数据进行统计处理，变换得到更能反映事物特征的数据，这也是数据分析中很重要的特征工程方法。

1.2.3 数据存储与管理

在计算机出现之前，人们将收集的数据打成绳结、雕在石壁上、刻到竹简上，到了西汉发明了纸张，数据被更系统地记录和保存下来，通过将纸张装订成书、书籍登记造册等方式进行管理。

1946 年出现了第一台电子计算机，开始有了现代意义的数据存储和管理，根据数据的使用方式、应用需求，主要有文件系统和数据库两种形式。

1．文件系统

文件系统是计算机操作系统提供的一种存储和组织计算机数据的方法。数据被转换为二进制数值，然后以文件的形式存储在计算机的外部存储设备中，如硬盘、光盘、U 盘、存储卡、磁鼓、磁带等。

文件是由计算机的各种应用程序按照数据组织格式编码生成的，只能使用特定的应用程序访问文件的具体内容，如 Word、Excel、BMP、JPEG 等。文件系统是操作系统提供的专用文件管理程序，通常将文件组织成树状目录结构，目录（文件夹）下面可以包含多个目录和文件。用户使用文件系统来保存数据时，无须关心数据实际保存在存储设备的具体位置，只需要文件名或目录名即可定位。

2．数据库

计算机应用的发展衍生了大量具有结构信息的数据，为了更方便地存储、管理和访问数据，数据库系统应运而生。

常用的关系型数据库按照一定的规则组织存放数据。它先将数据组织成表结构，然后为表建立关联，由多张表组成数据库，如教务数据库中包含学生成绩表、课程信息表、学生信息表等，如图 1-6 所示，其中成绩表中的课程和学生关联到课程信息表和学生信息表中。

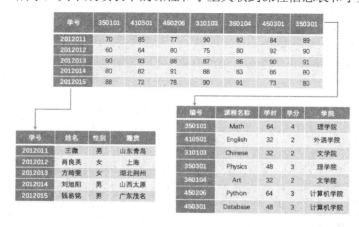

图 1-6　关系型数据库组织结构

数据库提供便捷的数据增加、删除、修改、查询功能，以及强大的管理能力，为各种应用数据的存储和查找提供服务。

随着互联网应用的普及，产生了大量半结构化和非结构化数据，出现了各种 NoSQL（非关系型）数据库，为大数据量、高性能和灵活的数据存储提供服务。例如，文档型数据库 MongDB、图数据库 Neo4j、键值（Key-Value）存储数据库 Redis 等。

1.2.4　数据分析

数据分析技术经过了数百年的发展。从 18 世纪开始出现统计分析学科，研究如何对收集的数据进行分析，揭示隐藏的规律，至今已形成了系列的分析方法，包括描述统计、假设检验、置信度分析、相关分析、因子分析、方差分析、回归分析、判别分析、主成分分析、结构方程分析等。随着计算机技术的发展，这些分析方法能够基于计算机快速求解，得到分析结果，使数据分析技术应用更加广泛。

新的分析方法也在不断出现，20 世纪 80 年代，数据挖掘成为研究和应用的热点，常用的方法包括关联规则、回归分析、分类、聚类等。特别是在传统的统计判别分析方法基础上发展出一系列新方法，包括决策树、朴素贝叶斯、最近邻、支持向量机（SVM）等。

可视化技术通过清晰的图形、图像能够直观地反映数据的统计特性、数据结构、数据之间的关系，展示分析的最终结果，从而帮助人们快速获取信息，做出决策。

21 世纪随着计算机算力的不断增强，大数据的推动，人工智能重新崛起。基于神经网络、深度学习的数据分析方法成为研究和应用的热点，诞生了系列基于自动特征提取的数据分析方法，在实际应用中取得了较好的效果。

本书将在后续章节中对数据分析的技术进行详细介绍。

1.3　Python 数据分析工具

越来越多的人开始使用 Python 开展数据分析工作，与统计分析专业工具 R 语言和矩阵计算专业工具 Matlab 相比，Python 包含了数据分析过程需要的所有方法和工具，具有速度优势，能够支持大数据处理。Python 通过多个开源的第三方工具包来实现数据分析，能够紧跟新技术的发展成为数据科学的首选工具。

使用 Python 实现数据分析过程时，重点关注分析的技术和方法，无须耗费大量精力掌握复杂的软件编程技术。

1.3.1　科学计算集成环境

Python 是一个开源的、跨平台的编程语言，官方网站提供了针对各个平台的安装包（http://www.python.org/downloads），包含基础的 Python 编程环境和方法库。使用 Python 官方安装包进行数据分析处理时，还需要另外安装大量的第三方工具包（通过 Python 的 pip 命令逐个安装），因此推荐使用 Python 的科学计算集成环境（Anaconda）。

Anaconda 是开源的集成环境，它不仅包含了 Python 语言基础包，还集成了近 200 个工具包，常见的科学计算和数据分析库，如 NumPy、SciPy、pandas、Matplotlib、scikit-learn、NLTK 等都已包含其中，满足了数据分析的基本需求。Anaconda 支持 Windows、Linux、macOS 等多个操作系统平台。

Anaconda 可以在官方网站（https://www.anaconda.com/download）中下载，也可以到国内的镜像网站中下载（https://mirrors.tuna.tsinghua.edu.cn/help/anaconda）。本书代码统一遵循 Python 3 语法，在 Anaconda3 2019.10 版本中实现。

在 Windows 平台上安装完成后，在"程序"列表中添加 Anaconda3 程序组，如图 1-7 所示，其中包含多个应用程序。Anaconda Navigator 可提供第三方工具包的管理工具，Anaconda Powershell Prompt、Anaconda Prompt 都是命令行工具，Jupyter Notebook 是交互式笔记本（详见 1.3.3 节），Spyder 是一个 Python 集成开发环境。

开发环境介绍

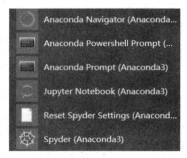

图 1-7　Anaconda3 程序组

1.3.2　Python 编译环境

Python 有很多功能丰富的集成开发环境，如 IDLE、Pycharm、Spyder 等，本书采用 IDLE，这是一款轻量级的交互式解释环境，只要安装了 Python 就会附带，因此在 Anaconda 中可直接使用。打开 Anaconda Prompt，进入命令行界面，如图 1-8（a）所示。然后输入 IDLE 命令，即可打开 Python 的 Shell 窗口，如图 1-8（b）所示。

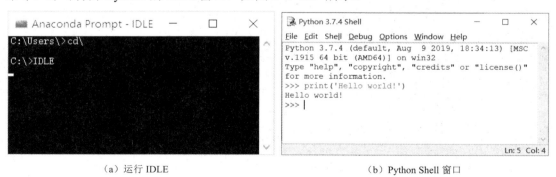

（a）运行 IDLE　　　　　　　　　　　　（b）Python Shell 窗口

图 1-8　Python 自带编译环境 IDLE

IDLE 既可以逐条运行代码，也可以创建、编辑 Python 源代码文件，运行完整的程序。在图 1-8（b）中的命令提示符">>>"后输入语句并回车，下一行字体则表示代码执行结果；选择"File"菜单的"Open"或"New File"选项即可进入源代码编辑窗口，如图 1-9（a）所示。

程序编辑完成后，选择"Run"菜单的"Run Module"选项，即可解释并执行代码，代码执行的结果显示在 Python 3.7.4 Shell 窗口中，如图 1-9（b）所示。

（a）IDLE 的 Python 源代码编辑窗口　　　　　　　　（b）运行结果显示窗口

图 1-9　Python 程序编辑与运行

1.3.3　Jupyter Notebook

Jupyter Notebook 是一个基于 Web 的交互式笔记本，其主要特点是易于"讲故事"。它将程序存放在一个文件中，并分割成多个片段运行展示，其实现的功能如下：

● 查看算法每步运行的中间结果；
● 反复修改、运行代码片段；
● 存储中间结果，并修改；
● 展示代码成果（可以是文本、代码和图像等）。

在 Anaconda3 程序组中单击 Jupyter Notebook 图标，启动操作系统默认的浏览器，打开 Jupyter 应用程序，Jupyter Notebook Web 窗口如图 1-10 所示。

图 1-10　Jupyter Notebook Web 窗口

选择"New"菜单的"Python 3"选项，打开一个新窗口，就可以创作自己的 Notebook 了，文件后缀名为".ipynb"，如图 1-11 所示。窗口下部由可以编写代码的单元（cell）组成。单元"In[n]:"（n 为单元执行的序号）里面既可以存放一段文本，也可以存放一段代码。

选中某个单元，单击工具栏的" "图标，即可运行该单元的代码，结果在此单元下方用
"Out[*n*]:"表示。

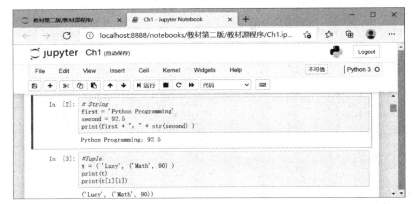

图 1-11　Jupyter Notebook 文本编辑窗口

当某个单元运行完成后，变量结果会被保存，后面单元运行时，可以访问前面单元的
变量，并修改其变量值。

选择"File"菜单的"Rename"选项，可以为 Notebook 文件重新命名。

1.4　Python 语言基础

本节简要介绍 Python 3 的基本语法，主要包括后续章节所需使用的特性。

1.4.1　常用数据类型

Python 内置的常用数据类型有数值、字符串、布尔值、元组、列表和词典。

数值（Number）包括整数、浮点数和复数类型，使用方法类似于数学计算。布尔值（Bool）
有固定的表示，即 True 表示真，False 表示假。

```
>>> print(3+5 == 6)
False
```

下面重点介绍数据分析中常用的字符串、元组、列表和词典数据类型。

1. 字符串

字符串（String）是由一系列字符组成的数据类型，使用一对单引号、双引号或三引号表
示。字符串变量的值不可以修改，任何类型的变量都可以使用内置函数 str()转换为字符串。

```
>>> course= 'Python Programming'
>>> score = 92.5
>>> print(course + ": " + str(score) )
Python Programming: 92.5
```

Python 内置了字符串常用函数，可支持字符串的查找、替换、比较等功能。

2. 元组和列表

元组（Tuple）和列表（List）是有序的元素序列，具有相同的索引方式，每个元素都可以是任意类型的数据。不同的是，元组创建后元素不可修改，而列表的元素则可以修改。

元组使用一对()将所有元素括起来，元素的数据类型可以是字符串、数值，也可以是元组，如('Wang', 32, 1.67)。实际上可以将字符串看作元组的特例，即每个元素必须是字符的元组。

元组中的元素使用变量名[索引]来访问，索引范围[0, n-1]或[-n, -1]，如图 1-12 所示，其中 n 为元素个数（也称为元组长度）。

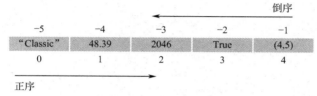

图 1-12　序列的索引

```
>>> t = ('Lucy',('Math',90))    #两个元素分别是字符串"Lucy"和元组('Math',90)
>>> t
('Lucy', ('Math', 90))
>>> t[1][1]
90
```

列表采用一对[ ]表示，是最灵活的序列表示形式，用来存储数值需要变化的数据序列。

```
>>> ls = []                 #列表初始化
>>> ls.append(1)            #添加一个数值1
>>> ls.append('wang')       #添加一个字符串"wang"
>>> ls                      #显示列表值
[1, 'wang']
>>> ls[0] = 2               #修改第一个元素为数值2
>>> ls
[2, 'wang']
>>> data = ['Born on:','July',2,2005]
#遍历列表
>>> for item in data:
        print( item, end =' ' )
Born on: July 2 2005
```

3. 字典

字典（Dictionary）是由一组"键值对"元素组成的无序集合，字典元素的"键"具有唯一性。键和值之间用冒号连接，不同键值对用逗号隔开，如{ 'Wang':1.89, 'Li':1.76}。通过

"键"可以找到与之关联的"值"。

```
>>> d = {}                    #字典初始化
>>> d = dict(name="Lucy",age=8,hobby=("bike","game"))        #字典赋值
>>> d
{'hobby': ('bike', 'game'), 'name': 'Lucy', 'age': 8}
>>> d["hobby"]                #使用 Key 访问字典元素值
('bike', 'game')
```

字典数据可以通过"键"进行添加、删除、修改和遍历。

```
>>> d["age"] = 9              #修改"键"对应的"值"
>>> d
{'hobby': ('bike', 'game'), 'age': 9, 'name': 'Lucy'}
>>> d["gender"] = "F"         #添加新的"键值对"
>>> d
{'hobby': ('bike','game'), 'age':9, 'name':'Lucy', 'gender':'F'}
>>> del d['hobby']            #删除"键"及其对应的"值"
{'name': 'Lucy', 'gender': 'F', 'age': 9}
#遍历字典
>>> for key in d:
    print( key, ': ', d[key], '\n' )
name : Lucy
gender : F
age : 9
```

1.4.2　流程控制

1.　程序格式

Python 采用严格的"缩进"来表示代码的层次关系，且只能通过"缩进"表示，如图 1-13 所示。要求同一段程序内，每个层次"缩进"采用的空格数一致，否则判定为语法错误。

```
DARTS = 1000
hits = 0
for i in range(1,DARTS):
    x, y = random(), random()
    distance = sqrt(x**2 + y**2)
    if distance <= 1.0:
        hits += 1
pi = 4 *(hits/DARTS)
print("Pi = ", pi )
```

图 1-13　"缩进"表示代码的层次关系

2. 注释

Python 的注释语句有两种形式：单行注释以"#"开头，多行注释用一组"""括起来。

```
#This is the comment

"""
This is a multiline comment
In Python
"""
```

3. 输入语句和输出语句

Python 使用 input 语句将键盘输入以单个字符串的形式保存于变量，print 语句可实现屏幕显示。

```
s = input("姓名和年龄（使用,隔开）: ")                 #给出输入提示
name,age = s.split(",")                              #用","切分字符串
print(name,eval(age))          #输出，age 是字符串，eval()将其转化为数字
print("name:{}, age:{}".format(name,age))     #格式化输出
```

4. 分支结构

Python 支持单分支结构、双分支结构和多分支结构，基本格式如下。

```
t = eval(input("输入通话时间: ") )
if t>100:
    s = 20 + 0.4*(t-100)
elif t>50:
    s = 10 + 0.2*(t-50)
else:
    s = 10
```

代码依次计算 if、elif 后面的表达式，执行第一个结果为真的表达式对应的分支语句。如果没有任何一个表达式的结果为真，则执行 else 对应的语句。

5. 循环结构

Python 提供两种循环语句，即 for 和 while。

（1）for 循环语句在循环代码重复运行过程中，循环变量可根据给定的序列依次赋值。

```
s = 0
for i in [1,3,5,7,9]:
    s += i
```

代码 for 循环 5 次，变量 i 依次被赋值为 1、3、5、7、9，并被累加到变量 s 上。循环结束后，s 的值为 25。

通常可以使用 range(start, end, step)生成指定的数字序列，函数按照步长 step 在范围 [start, end−1]内生成等差序列，start 默认为 0，step 默认为 1。

```
for i in range(0,10,2):
    print(i)
```

代码依次输出整数 0、2、4、6、8。

（2）while 循环语句可判断表达式的结果，如果为 True 则继续循环，否则中止。

```
sum = 0
x = input("Input a number (<Enter> '' to quit): ")
while x != "":
    sum = sum + eval(x)
    x = input("Input a number (<Enter> '' to quit): ")
```

程序判断用户输入的内容是否为空字符串，为空则循环中止，否则计算累加和并等待再次输入。

1.4.3 函数和方法库

1. Python 内置函数

Python 提供大量的内置函数，无须说明，可直接使用，如 input()、range()等。但大部分的第三方库（library）或包（package）并没有被加载到解释器中，因此在使用时需要导入后才能使用，Python 提供 3 种导入形式。

（1）直接导入整个方法库或包，调用时需要加上包名。

```
>>> import math                    #导入 math 包
>>> math.sqrt(5)
2.23606797749979
```

（2）导入方法库中某个函数，调用时直接使用函数名。

```
>>> from math import sqrt          #从 math 包中导入 sqrt()
>>> sqrt(5)
2.23606797749979
```

（3）导入方法库中某个类或函数并重命名，调用时使用临时替代名。

```
>>> from math import sqrt as sq        #从 math 包中导入 sqrt()，重命名为 sq
>>> sq(5)
2.23606797749979
```

2. Python 自定义函数

Python 使用关键字 def 定义函数，函数定义时变量类型无须说明，同时可以在参数列表的最后定义多个带有默认值的参数。函数调用时，具有默认值的形参，可以不传实参。

```
>>> def say(message, times = 1):
    print (message * times)
>>> say( 'Hello' )
Hello
>>> say( 'World', 5 )
WorldWorldWorldWorldWorld
```

思考与练习

查阅资料，了解 Python 的 String、Tuple、List 和 dict 数据类型提供的常用函数。

综合练习题

1．在个人计算机上下载 Anaconda3 科学计算工具包，并正确安装。

2．编写 Python 程序实现功能：用键盘输入若干姓名，保存在字符串列表中；输入任意姓名，检索列表中是否存在。

3．编写 Python 程序实现功能：使用字典记录学生的姓名及对应身高值；输入任意学生姓名，在字典中查找并显示所有高于此身高值的学生信息。

第2章

多维数据结构与运算

数据分析首先需要将实际应用的数据组织为向量或矩阵，以便高效地计算和处理。Python 的开源库 NumPy 提供了多维数组对象 ndarray（n-dimensional array），支持多种类型的数值型数据表示。本章主要介绍如何使用 ndarray 存储和访问多维数组，以及 ndarray 的矩阵运算功能。

2.1 多维数组对象

2.1.1 多维数组（张量）

数据分析的本质是对数据的计算。同类型的数据可以进行相同的运算，因此人们通常将表达相同现实概念的数据组织在一起形成数组，以便计算机可以使用相同的操作进行统一处理。

为了充分表示数据之间的组织关系，出现了多维数组的概念，维度（dimension）也被称为轴（axis）。

标量：零维（0D），一个数字，n1 = 12，n2 = 34.8。

向量：一维（1D），一个班级学生的姓名，name[4] = ['吴孟', '李利茗', '张广量', '赵祁姗']。

矩阵：二维（2D），数据集最常见的组织形式，如人口统计数据集，记录每个人的姓名、出生年、常住城市、年收入和职业等，0 轴表示样本，即每个人，1 轴表示样本的特征，即每个人的特征。整个数据集包括 100 000 个人，记录为 info(100000,5)，如图 2-1 所示。

	姓名	出生年	常住城市	年收入	职业
	'李利茗'	1980	'苏州'	30.5	'医生'
0轴 样本	'张广量'	1978	'广州'	25.6	'教师'
	'赵祁姗'	1989	'北京'	15.8	'公务员'
	'吴孟'	1992	'上海'	18.6	'工程师'

1轴 样本的特征

图 2-1　人口数据组织为二维数组

三维数组：三维（3D），通常包含时间或序列数据，如门店商品每天的销量数据集。0

轴表示门店，1 轴表示商品，2 轴表示时间，如图 2-2 所示。

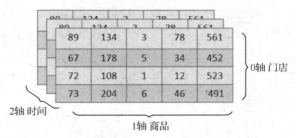

图 2-2　门店商品销售数据组织为三维数组

多维数组也称为张量（tensor），深度学习算法中就采用此概念表示用于训练模型的数据，如将视频看成一系列的帧，每帧都是一张彩色图像。每帧图像保存在形状为(height, width, color_depth)的三维张量中，多帧图像则保存在形状为(frames, height, width, color_depth)的四维张量中，而多个视频组成的批量数据则可以保存在一个五维张量中，其形状为(samples, frames, height, width, color_depth)。

标准 Python 不支持多维数组，为此 NumPy 库提供了支持丰富数据表示方式的多维数组 ndarray，以方便处理一维、二维甚至多维的数组。ndarray 对象中所有元素类型必须相同，且大小固定，只能在创建时定义，使用过程中不可改变。一般采用如下方式导入 NumPy 库。

```
>>> import numpy as np
```

由于 NumPy 库的函数较多，有些与其他第三方库函数重名，为了避免命名冲突，使用 import as 关键字将 NumPy 重命名为 np，在后续使用 NumPy 时用 np 代替，既简化了拼写也避免与其他库的函数冲突。

本章后续引入案例 2-1，围绕学生课程成绩介绍如何使用 ndarray 对象存储及处理多维数据，其案例数据如下。

案例 2-1：学生课程考试成绩数据

5 名学生参加了学业水平考试，考试科目共 7 门，考试成绩如表 2-1 所示。

表 2-1　学业水平考试成绩表

姓　　名	Math	English	Python	Chinese	Art	Database	Physics
王微	70	85	77	90	82	84	89
肖良英	60	64	80	75	80	92	90
方绮雯	90	93	88	87	86	90	91
刘旭阳	80	82	91	88	83	86	80
钱易铭	88	72	78	90	91	73	80

2.1.2　一维数组对象

NumPy 库的 array()可以基于 Python 的列表创建 ndarray 对象，如果列表的各个元素均为单变量，则可创建得到一维 ndarray 对象。

【例 2-1】 创建两个一维数组分别保存学生姓名和考试科目，访问数组元素。

学业水平考试涉及多门课程和多名学生，虽然课程名称、姓名的数据类型都是字符串，但对应的现实概念却不同，需存放在两个一维数组中。

```
>>> names = np.array(['王微', '肖良英', '方绮雯', '刘旭阳','钱易铭'])
>>> names
array(['王微', '肖良英', '方绮雯', '刘旭阳','钱易铭', dtype='<U3')
>>> subjects = np.array(['Math', 'English', 'Python', 'Chinese','Art',
'Database', 'Physics'])
>>> subjects
array(['Math', 'English', 'Python', 'Chinese', 'Art', 'Database',
'Physics'], dtype='<U8')
```

NumPy 库为 ndarray 对象提供了很多属性和方法，用于查看 ndarray 对象的属性，获取数据子集，并进行计算。

1. 查看数组的属性

```
>>> names.ndim        #数组维度
1
>>> names.size        #数组元素的个数
5
>>> names.dtype       #数组数据的类型
dtype('<U3')
```

2. 单个数组元素访问

访问一维 ndarray 对象的元素与访问 Python 序列的方式相同，索引序号范围为[0, n-1]或[-n, -1]（n 为数组大小）。

```
>>> names[2]
'方绮雯'
>>> subjects[-3]
'Art'
```

3. 数组切片

抽取数组的一部分元素生成新数组称为切片操作。切片根据给出的索引，抽取出对应的元素。

```
>>> subjects[ [0,2,4] ]    #[0,2,4]为索引列表
array(['Math', 'Python', 'Art'], dtype='<U8')
```

当使用索引列表进行切片操作时，外层的方括号表示数组索引操作，内层的方括号表

示多个索引组成的列表。如保存切片得到的数据，需赋值给其他变量。

索引也可以通过 start:end:step 形式给出，它生成一个等差数列，元素从 start 开始，end−1 结束，step 为步长。start 默认为从头开始，end 默认为最后一个元素结束，step 默认步长为 1。

```
>>> pname = names[ 1:4 ]              #抽取索引为 1、2、3 的元素保存到新变量中
>>> pname
array(['肖良英' '方绮雯' '刘旭阳'],  dtype='<U3')
>>> subjects[ : -1:2]                 #抽取索引为 0、2、4 的元素
array(['Math', 'Python', 'Art'],  dtype='<U8')
```

4. 根据条件筛选数组元素

ndarray 对象可以使用条件表达式和关系运算符来选择所需要的元素，如筛选出 names 数组中值等于 "王微" 或 "钱易铭" 的元素。

```
>>> names[ (names == '王微') | (names== '钱易铭')]
array(['王微', '钱易铭'],  dtype='<U3')
```

条件筛选分为两个步骤，首先利用(names == '王微') | (names== '钱易铭')条件表达式创建一个布尔型的数组，然后使用此对象对 names 内的元素按位置选择，值为 True 的选中，值为 False 的不选，分步实现代码如下。

```
>>> mask = (names == '王微') | (names== '钱易铭')
>>> mask
array([ True, False, False, False, True], dtype=bool)
>>> names[ mask ]
array(['王微', '钱易铭'],  dtype='<U3')
```

2.1.3　二维数组对象

使用 array()创建二维 ndarray 对象，用于初始化的列表，其元素也是列表。

【例 2-2】　创建二维数组 scores，记录 names 中每名学生对应 subjects 各门课程的考试成绩。

学生各科目的成绩需要对应到姓名、科目两个维度，应存放在二维数组中。

```
>>> scores = np.array([[70,85,77,90,82,84,89],[60,64,80,75,80,92,90],
    [90,93,88,87,86,90,91],[80,82,91,88,83,86,80],[88,72,78,90,91,73,80]])
>>> scores
array([[70, 85, 77, 90, 82, 84, 89],
       [60, 64, 80, 75, 80, 92, 90],
       [90, 93, 88, 87, 86, 90, 91],
       [80, 82, 91, 88, 83, 86, 80],
       [88, 72, 78, 90, 91, 73, 80]])
```

创建函数 array 的参数列表中，每个元素代表一名学生的成绩，每名学生的成绩又是由

7 门课程成绩组成的列表。创建得到的 scores 数组每行表示一名学生各门课程的成绩，每列表示一门科目所有学生的成绩。

1. 查看数组属性

```
>>> scores.ndim          #数组维数
2
>>> scores.size          #数组元素总数＝行数×列数
35
>>> scores.shape         #数组的行数和列数
(5, 7)
>>> scores.dtype         #数组元素的类型
dtype('int32')
```

scores 是一个 5 行、7 列的二维数组，共有 35 个整数类型的元素。

2. 二维数组切片

二维数组切片操作的基本格式如下：

```
arr[ row , column ]
```

其中，row 为行序号，column 为列序号，中间用“,”隔开。行、列切片的表示方式与一维数组相同。如果行或列用“:”代替，则表示选中对应的所有行或列。

（1）访问指定行和列的元素，并给出行和列的两个索引值。

```
>>> scores[1,0]
60
>>> scores[[1,3],[0,1]]
array([60, 82])
```

注意上例中在方括号内给出行切片[1,3]和列切片[0,1]，表示抽取行序号为 1、列序号为 0，以及行序号为 3、列序号为 1 的元素，可得到一维的 ndarray 对象。

（2）访问部分行元素，给出行列表即可，列索引的“:”可以省略。

```
>>> scores[[1,3]]
array([[60, 64, 80, 75, 80, 92, 90],
  [80, 82, 91, 88, 83, 86, 80]])
```

（3）访问部分列元素，如显示所有学生数学课和英语课的成绩。

```
>>> scores[: , [0,1]]
array([[70, 85],
    [60, 64],
    [90, 93],
    [80, 82],
    [88, 72]])
```

在前面行索引中的“:”不能省略，否则会无法识别这是列切片。

（4）访问部分行和列的数据。

访问索引为 0 和 3 的行中，1～3 列的所有元素。

```
>>> scores[ [0,3], 1:4 ]
array([[85, 77, 90],
[82, 91, 88]])
```

如果需要抽取某些行中指定列的所有元素，则需要进行两层切片。

```
>>> scores[[1,3]][:,[0,1]]
array([[60, 64],
       [80, 82]])
```

首先，通过 scores[[1,3]]得到由 scores 序号 1 行、3 行组成的二维 ndarray 对象，再在此对象上进行切片操作，取所有行的 0 列、1 列的元素。

3. 条件筛选

可以使用布尔型数组筛选访问其他数组的元素。用于筛选的布尔型数组，需要具有与访问数组相同的行数或列数，如筛选“肖良英”和“方绮雯”的所有课程成绩。

```
>>> scores[(names == '肖良英') | (names == '方绮雯'), :]
array([[60, 64, 80, 75, 80, 92, 90],
       [90, 93, 88, 87, 86, 90, 91]])
```

行索引使用 (names =='肖良英') | (names =='方绮雯') 布尔型数组给出，表示 scores 中布尔型数组 True 对应的行被选中。列索引为“:”表示所有的列元素都被选中，也可以省略。

可以对二维数组的行、列同时使用布尔表达式筛选，如显示“肖良英”和“方绮雯”的“Math”和“Python”课程成绩，就可以使用两层筛选实现。

```
>>> scores[(names == '肖良英') | (names == '方绮雯')][:,(subjects == 'Math')|
(subjects == 'Python')]
array([[60, 80],
       [90, 88]])
```

首先在二维数组中筛选出“肖良英”和“方绮雯”的所有成绩，得到一个两行的二维数组，然后在此数组上选择列满足条件表达式(subjects == 'Math')|(subjects == 'Python')的所有行。

2.1.4　创建多维数组的常用函数

NumPy 库还提供了其他数组创建函数，以满足不同初始化的需求。下面列出常用的数组创建和初始化函数。

1. arange()

arange()可以根据给定的起始范围和步长，生成一个由数值序列组成的数组，规则与列表索引相同，其函数格式如下。

```
arange(start, stop, step, dtype=None)
```

参数说明：

　　start：开始数值，可选项，默认起始值为 0。

　　stop：停止数值。

　　step：步长，数值，可选项，默认为 1，如果指定了 step，则必须给出 start。

　　dtype：输出数组的类型。如果未给出 dtype，则从其他输入参数推断数据类型。

例如，生成从 0 开始到 10 结束的连续整数数组。

```
>>> np.arange(0,11)
array([ 0,  1,  2,  3,  4,  5,  6,  7,  8,  9, 10])
>>> np.arange(3,11,2)
array([3, 5, 7, 9])
```

arange()的 3 个参数可以是浮点数。

```
>>> np.arange(0.3,1.5,0.3)
array([ 0.3,  0.6,  0.9,  1.2])
```

2. reshape()

使用 reshape()可以将一维数组转换为指定的多维数组，其函数格式如下。

```
reshape(a, newshape, …)
reshape(n,m)
```

参数说明：

　　a：原始数组。

　　newshape：返回数组的大小，整数或整数元组。

　　n：行数。

　　m：列数。

例如，将有 15 个连续整数的一维数组转换为 3×5 的二维数组。

```
>>> np.arange(0,15).reshape(3,5)
array([[ 0,  1,  2,  3,  4],
       [ 5,  6,  7,  8,  9],
       [10, 11, 12, 13, 14]])
```

3. zeros()和 ones()

zeros()和 ones()生成指定大小的全 0 和全 1 的数组，其函数格式如下。

```
zeros(shape, dtype=float, …)
ones(shape, dtype=float, …)
```

参数说明：

shape：返回数组的大小，整数或整数元组。

dtype：数组的数据类型，默认为实数。

例如，生成 3×4 的全 0 二维数组和 4×3 的全 1 二维数组。

```
>>> np.zeros((3,4))
array([[ 0.,  0.,  0.,  0.],
       [ 0.,  0.,  0.,  0.],
       [ 0.,  0.,  0.,  0.]])
>>> np.ones((4,3))
array([[ 1.,  1.,  1.],
       [ 1.,  1.,  1.],
       [ 1.,  1.,  1.],
       [ 1.,  1.,  1.]])
```

思考与练习

1．一维数组访问。

（1）在 subjects 数组中选择并显示序号为 1、2、4 科目的名称，使用倒序索引选择并显示 names 数组的"方绮雯"。

（2）选择并显示 names 数组从 2 到最后的数组元素；选择并显示 subjects 数组正序 2～4 的数组元素。

（3）使用布尔条件选择并显示 subjects 数组中 English 和 Physics 的科目名称。

2．二维数组访问。

（1）选择并显示 scores 数组的 1 行、4 行。

（2）选择并显示 scores 数组中行序为 2、4 学生的 Math 和 Python 成绩。

（3）选择并显示 scores 数组中所有学生的 Math 和 Art 成绩。

（4）选择并显示 scores 数组中"王微"和"刘旭阳"的 English 和 Art 成绩。

3．生成由整数 10～19 组成的 2×5 的二维数组。

2.2　多维数组运算

利用 NumPy 库的多维数组 ndarray 进行科学计算和数据处理时，不需要使用单层和多层循环语句，即可对一个或多个数组中的元素进行常用的计算和操作。便捷的运算模式可以让使用者只关注计算和数据分析本身的逻辑，避免编程语言底层实现细节带来的困扰。

2.2.1 基本算术运算

1. 二维数组与标量运算

【例 2-3】 为所有学生的所有课程成绩增加 5 分。

```
>>> scores + 5
array([[75, 90, 82, 95, 87, 89, 94],
       [65, 69, 85, 80, 85, 97, 95],
       [95, 98, 93, 92, 91, 95, 96],
       [85, 87, 96, 93, 88, 91, 85],
       [93, 77, 83, 95, 96, 78, 85]])
```

Python 内部实现数组与标量相加时，使用"广播机制"先将标量 5 转换为元素值为 5 的 5×7 二维数组，再将 scores 和新生成的数组按位相加，等价于以下代码。

```
>>> a = np.ones((5,7))*5
>>> a
array([[ 5., 5., 5., 5., 5., 5., 5.],
       [ 5., 5., 5., 5., 5., 5., 5.],
       [ 5., 5., 5., 5., 5., 5., 5.],
       [ 5., 5., 5., 5., 5., 5., 5.],
       [ 5., 5., 5., 5., 5., 5., 5.]])
>>> scores + a
array([[ 75., 90., 82., 95., 87., 89., 94.],
       [ 65., 69., 85., 80., 85., 97., 95.],
       [ 95., 98., 93., 92., 91., 95., 96.],
       [ 85., 87., 96., 93., 88., 91., 85.],
       [ 93., 77., 83., 95., 96., 78., 85.]])
```

2. 二维数组与一维数组运算

【例 2-4】 每个科目基础分不同，为各科目成绩增加相应的基础分。
首先创建一维数组存放不同科目增加的分数，然后将其和 scores 相加。

```
>>> bonus = np.array([3,4,5,3,6,7,2])
>>> scores + bonus
array([[73, 89, 82, 93, 88, 91, 91],
       [63, 68, 85, 78, 86, 99, 92],
       [93, 97, 93, 90, 92, 97, 93],
       [83, 86, 96, 91, 89, 93, 82],
       [91, 76, 83, 93, 97, 80, 82]])
```

上面的加法操作同样也采用了广播机制，NumPy 先将一维数组 bonus 变成每列值相同的 5×7 二维数组，再和 scores 相加。

3. 选定元素运算

如果需要对数组特定元素进行运算，可以先使用 2.1 节中介绍的数据切片操作得到特定元素，然后对其进行计算。如给"肖良英"的"English"加 5 分。

```
>>> scores[names == '肖良英', subjects == 'English']
array([64])
>>> scores[names == '肖良英', subjects == 'English'] + 5
array([69])
```

Python 支持的常见算术运算，如+、-、*、/、**（平方）等都可以在多维数组上直接使用。

2.2.2　函数和矩阵运算

NumPy 库支持 ndarray 对象元素级的通用函数和用于行、列或整个数组计算的聚合函数。另外，ndarray 对象还支持常见的矩阵和矢量运算。

1. 通用函数

通用函数有一元函数和二元函数，分别接收一个和两个输入数组，返回一个数组。常用的一元函数和二元函数如表 2-2 和表 2-3 所示。

表 2-2　常用的一元函数

函　　数	描　　述
abs、fabs	计算整数、浮点数或复数的绝对值
sqrt	计算各元素的平方根
square	计算各元素的平方
exp	计算各元素的指数
log、log10	自然对数、底数为 10 的 log
sign	计算各元素的正、负号
ceil	计算各元素的 ceiling 值，即大于或等于该值的最小整数
floor	计算各元素的 floor 值，即小于或等于该值的最大整数
cos、cosh、sin、sinh、tan、tanh	普通和双曲型三角函数

【例 2-5】　将学生的考试成绩转换为整数形式的十分制分数。

```
>>> np.floor(scores/10)
array([[ 7.,  8.,  7.,  9.,  8.,  8.,  8.],
       [ 6.,  6.,  8.,  7.,  8.,  9.,  9.],
       [ 9.,  9.,  8.,  8.,  8.,  9.,  9.],
       [ 8.,  8.,  9.,  8.,  8.,  8.,  8.],
       [ 8.,  7.,  7.,  9.,  9.,  7.,  8.]])
```

表 2-3　常用的二元函数

函　　数	描　　述
add	将数据中对应的元素相加
subtract	从第一个数组中减去第二个数组的元素
multiply	数组元素相乘
divide	数组对应元素相除
power	对第一个数组中的元素 A，根据第二个数组中的相应元素 B，计算 A^B
mod	元素级的求模运算
copysign	将第二个数组中值的符号复制给第一个数组中的值
equal, not_equal	执行元素级的比较运算，产生布尔型数组

【例 2-6】　使用 subtract()给每个学生的分数减去 3 分。

```
>>> np.subtract(scores, 3)
array([[67, 82, 74, 87, 79, 81, 86],
       [57, 61, 77, 72, 77, 89, 87],
       [87, 90, 85, 84, 83, 87, 88],
       [77, 79, 88, 85, 80, 83, 77],
       [85, 69, 75, 87, 88, 70, 77]])
```

NumPy 使用广播机制把标量数据 3 变成了多维数组，然后和 scores 数组的各元素进行减法操作。

2. 聚合函数

ndarray 对象支持在行、列或数组全体元素上的聚合函数，可以求平均值、最大值、最小值、累加和等。常用的聚合函数如表 2-4 所示。

表 2-4　常用的聚合函数

函　　数	描　　述
sum	求和
mean	算术平均值
min、max	最小值和最大值
argmin、argmax	最小值和最大值的索引
cumsum	从 0 开始向前累加各元素
cumprod	从 1 开始向前累乘各元素

对于二维数组对象，可以指定聚合函数是在行上操作还是在列上操作。当参数 axis 为 0 时，函数操作的对象是同一列不同行的数组元素；当参数 axis 为 1 时，函数操作的对象是同一行不同列的数组元素。

【例2-7】　按照分析目标使用聚合函数进行统计。

（1）统计不同科目的成绩总分。

```
>>> scores.sum(axis = 0)      #按列求和
array([388, 396, 414, 430, 422, 425, 430])
```

（2）求"王微"所有课程成绩的平均分。

```
>>> scores[names == '王微'].mean()
82.428571428571431
```

首先利用布尔型数组选择"王微"的所有成绩，然后使用求平均值的函数 mean()。

（3）查询英语考试成绩最高的学生姓名。

```
>>> names[ scores[:,subjects == 'English'].argmax() ]
'方绮雯'
```

argmax()能返回特定元素的下标。首先通过列筛选得到由所有学生英语成绩组成的一维数组，然后通过 argmax()返回一维数组中最高分的索引值，最后利用该索引值在 names 数组中查找该学生的姓名。

2.2.3　随机数组生成函数

NumPy 库的 random 模块补充了 Python 的随机数生成函数，可以高效地生成服从多种概率分布的随机样本。常用函数如表 2-5 所示。

表 2-5　常用函数

函　　数	描　　述
random	随机产生[0,1)之间的浮点值
randint	随机生成给定范围内的一组整数
uniform	随机生成给定范围内服从均匀分布的一组浮点数
choice	在给定的序列内随机选择元素
normal	随机生成一组服从给定均值和方差的正态分布随机数

这些函数均可以使用元组给定生成数组的维度。

【例2-8】　生成由 10 个随机整数组成的一维数组，整数的取值范围为 0～5。

```
>>> np.random.randint(0,6,10)
array([5, 5, 0, 2, 4, 3, 1, 2, 5, 4])
```

randint(start, end, size)生成元素值从 start 到 end-1 范围内的整数数组，数组的大小由参数 size 对应的元组给出。数组的元素值随机生成，start 到 end-1 范围内各整数出现的概率相等。

生成 5×6 的二维随机整数，随机数的取值是 0 或 1。

```
>>> np.random.randint(0, 2, size = (5,6))
array([[1, 1, 1, 0, 1, 0],
       [0, 0, 1, 1, 0, 1],
       [0, 1, 1, 0, 0, 0],
       [0, 1, 0, 1, 1, 1],
       [1, 0, 0, 1, 1, 0]])
```

正态分布（normal distribution）又称高斯分布，是一个在数学、物理及工程等领域都非常重要的概率分布，对统计学尤为重要。正态曲线呈钟形，两头低、中间高，如图 2-3 所示，因此又称之为钟形曲线。

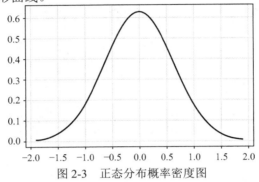

图 2-3　正态分布概率密度图

正态分布概率密度由期望和方差两个统计量决定，normal 函数可以模拟生成服从正态分布的一组数据。

【例 2-9】　生成均值为 0、方差为 1 服从正态分布的 4×5 二维数组。

```
>>> np.random.normal( 0,1, size = (4,5) )
array([[ 0.50293855, -0.65924346, 1.10370417, 0.97295644, -0.94182097],
       [-0.10743896, -0.62138498, -0.70710979, -0.31265519, -0.10357636],
       [ 1.32282187,  0.91143092, -1.1728774, 0.51703585, -1.38091545],
       [-2.02050138, -0.936194, 1.47082363, 1.73261098, -0.42447148]])
```

思考与练习

1．将 scores 数组中所有学生的英语成绩减去 3 分并显示。

2．统计 scores 数组中每名学生所有科目的平均分并显示。

3．使用随机函数生成[-1,1]之间服从均匀分布的 3×4 的二维数组，并计算所有元素的和。

2.3　案例：随机游走轨迹模拟

随机游走又称随机游动或随机漫步，与很多自然、社会现象相关。在自然科学研究中，随机游走是扩散过程的基础，广泛用于对物理和化学粒子扩散现象的模拟。在实际生活中，人们用随机游走描述花粉的布朗运动、证券的涨跌等。

对随机游走过程的理论研究和计算机模拟已成功地应用于数学、物理、化学和经济等学科，在互联网信息检索、图像分割等领域的应用也取得了很好的效果。本节将 NumPy 的随机数生成函数与 ndarray 对象结合，模拟物体在二维平面上随机游走的过程。

假设物体初始位置处于二维坐标系的（0, 0），每步随机地沿着 x 轴方向左移或右移一个单位，同时沿着 y 轴方向上移或下移一个单位，左（上）移或右（下）移的概率是相等的。

1. 模拟生成每步移动方向

随机游走

为了模拟物体在 x 轴和 y 轴上每步的随机游走，首先创建一个 $2×n$ 的二维数组，行序 0 表示 x 轴上的移动，行序 1 表示 y 轴上的移动，n 为移动总步数。数组元素取值为-1 或 1，1 表示正向移动一个单位，-1 表示负向移动一个单位。

在 x 轴、y 轴不同方向上的移动概率相同，可以使用 randint()在两个整数之间生成 $2n$ 个随机数。由于 randint()只能在连续整数范围内生成随机数，因此，先生成由 0 和 1 组成的随机数组，然后将所有的 0 替换为-1。

假设某次随机游走了 10 步，用 randint()随机生成每步移动的方向，可以使用一个 $2×10$ 的二维数组记录结果。

```
>>> steps = 10
>>> rndwlk = np.random.randint(0, 2, size = (2,steps))
>>> rndwlk
array( [[ 0, 1, 1, 1, 1, 1, 1, 0, 0, 1],
 [ 0, 1, 0, 1, 0, 0, 0, 0, 1, 0]] )
```

NumPy 提供 where(condition[, x, y])实现数组元素的条件赋值，参数 condition 是条件表达式，如果 condition 结果为 True，则返回 x，否则返回 y。x、y 可以是数组，也可以是标量。

```
>>> rndwlk = np.where( rndwlk>0, 1, -1 )
>>> rndwlk
array([[-1, 1, 1, 1, 1, 1, 1, -1, -1, 1],
 [-1, 1, -1, 1, -1, -1, -1, -1, 1, -1]])
```

这里 where()判断 rndwlk 数组每个元素值与 0 的关系，如果大于 0，则该元素值赋为 1，否则赋为-1。

2. 计算每步移动后的位置

rndwlk 记录了物体每步沿着 x 轴、y 轴移动的方向，计算第 i 步所处的位置只需分别累计从第 1 步到第 i 步沿 x 轴、y 轴移动的单位总和即可。使用 ndarray 对象的聚合函数 cumsum()就可以实现此功能。

```
>>> position = rndwlk.cumsum(axis = 1)   #按照行求累加和
>>> position
array([[-1, 0, 1, 2, 3, 4, 5, 4, 3, 4],
 [-1, 0, -1, 0, -1, -2, -3, -4, -3, -4]], dtype=int32)
```

cumsum()按行进行累加，即每行第 i 列的值为原数组第 0～i 列的值之和，数组变量 position 保存了每步移动结束后物体在二维平面上的位置。

3. 计算每步移动后与原点的距离

利用算术运算符和通用函数，可以算出物体在每步移动后与原点的距离。若计算得到浮点数的小数位数太长，则可以使用 np.set_printoptions()设置显示的小数位数。

```
>>> dists = np.sqrt(position[0]**2 + position[1]**2)  #sqrt 求平方根
>>> dists
array([ 1.41421356, 0.,    1.41421356, 2. , 3.16227766, 4.47213595,
  5.83095189, 5.65685425, 4.24264069, 5.65685425])
>>> np.set_printoptions( precision = 4)    #只显示 4 位小数
>>> dists
array([ 1.4142, 0.   , 1.4142, 2.  , 3.1623, 4.4721, 5.831 ,
     5.6569, 4.2426, 5.6569])
```

对数组 dists 统计物体与原点距离的最大值、最小值和平均值。

```
>>> dists.max()
5.83095189
>>> dists.min()
0. 0
>>> dists.mean()
3.3850
```

统计物体随机游走过程中与原点的距离大于平均距离的次数。

```
>>> (dists>dists.mean()).sum()
5
```

dists>dists.mean()生成一个一维的布尔型数组，大于平均距离的位置对应的数值元素为 True，否则为 False。当 sum()求和时，True 的值为 1，False 的值为 0，True 的个数就是大于平均距离的次数。

4. 绘图展示随机游走轨迹

将 position 中的位置数据标识在二维坐标系上，即可展示随机游走的轨迹，如图 2-4 所示。绘制图形函数的使用方法见第 4 章。

```
>>> import matplotlib.pyplot as plt             #导入图形库
>>> plt.plot(x,y, c='g',marker='*')            #画折线图
>>> plt.scatter(0,0,c='r',marker='o')          #单独画原点
>>> plt.text(.1, -.1, 'origin')                #添加原点说明文字
>>> plt.scatter(x[-1],y[-1], c='r', marker='o') #单独画终点
>>> plt.text(x[-1]+.1, y[-1]-.1, 'stop')       #添加终点说明文字
>>> plt.show()                                 #显示图
```

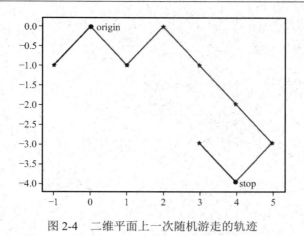

图 2-4　二维平面上一次随机游走的轨迹

思考与练习

1．将随机游走的步数增加到 100 步，计算物体最终与原点的距离。
2．重复多次随机游走过程，观察物体与原点距离的变化趋势。

综合练习题

1．大润发、沃尔玛、好德和农工商 4 个超市售卖苹果、梨、香蕉、橘子和芒果 5 种水果。使用 NumPy 的 ndarray 实现以下功能。

（1）创建两个一维数组分别存储超市名称和水果名称。

（2）创建一个 4×5 的二维数组存储不同超市的水果价格，其中价格（单位为元）由 4～10 范围内的随机数生成。

（3）选择大润发的苹果和好德的香蕉，并将价格增加 1 元。

（4）农工商的水果大减价，将所有的水果价格减少 2 元。

（5）统计 4 个超市苹果和芒果的销售均价。

（6）找出橘子价格最贵的超市名称（不是编号）。

2．基于随机游走的例子，使用 ndarray 和随机数生成函数模拟一个物体在三维空间随机游走的过程。

（1）创建 3×10 的二维数组，记录物体每步在三个轴向上的移动距离。在每个轴向的移动距离服从标准正态分布（期望为 0，方差为 1）。行序 0、1、2 分别对应 x 轴、y 轴、z 轴。

（2）计算每步走完后物体在三维空间的位置。

（3）计算每步走完后物体与原点的距离（只显示两位小数）。

（4）统计物体在 z 轴上到达的最远距离。

（5）统计物体在三维空间与原点距离的最近值。

【提示】　使用绝对值函数 abs() 对 z 轴每步移动后的位置求绝对值，然后求最大距离。

第 3 章

数据汇总与统计

数据汇总与统计是数据探索的重要方法，通过数据收集、汇聚、清洗和统计分析等过程，探索数据的统计特征，形成有价值的推断，为后续的建模分析提供可靠的指导。表结构是最常用的数据组织方式，它将数据及数据对应的概念存储在一个数据结构中，可方便关系型数据库的探索分析。 pandas 基于 NumPy 提供了带有索引的表结构数据类型，以及丰富、完善的数据准备和统计分析功能。本章将简要介绍分析方法中的统计学概念，重点阐述如何根据分析目标展开探索性分析，使用 pandas 获得分析结果，其中数据可视化将在第 4 章中介绍。

3.1 统计的基本概念

3.1.1 统计的含义

统计是对数据资料获取、整理、分析、描述及推断方法的总称，是针对数据的工作。统计的对象通常具有一些特征，如数量性、总体性、具体性和差异性。针对统计对象的特征和规律进行研究的科学称为统计学。统计分析在理解现有数据的基础上，进一步发现数据的规律对未来进行预测，如市场预测、人口预测、经济发展预测等。本章将通过学生问卷调查，介绍统计中的概念和实现方法。

案例 3-1：学生问卷调查统计分析

某校采用问卷方式对 50 名学生进行调查，问卷的部分内容如图 3-1 所示。

1．你的性别是_____。

2．你的年龄为_____周岁。

3．你的身高=_____cm，体重=_____kg。

4．你来自的省份是_____。

5．你上个月的生活费支出是_____元。

6．你的"数据科学"课程的考试成绩是_____。

7．回答以下问题：

（1=完全不同意，2=比较不同意，3=无所谓，4=比较同意，5=完全同意）

（1）我对"数据科学"课程很感兴趣_____。

（2）案例教学法对我掌握相关知识非常重要_____。

图 3-1　学生问卷调查（部分）

收集参加问卷调查学生的反馈结果，整理得到如表 3-1 所示的数据（部分学生）。

表 3-1　学生问卷调查反馈表（部分）

序　号	性　别	年　龄	身　高	体　重	省　份	成　绩	月生活费	课程兴趣	案例教学
1	male	20	170	70	LiaoNing	71	800	5	4
2	male	22	180	62	GuangXi	57	1000	2	4
3	female	20	162	47	AnHui	78	1200	4	4
4	female	22	164	53	YunNan	79	1000	4	5
5	male	19	169	76	ShanDong	88	1300	5	5
⋮	⋮	⋮	⋮	⋮	⋮	⋮	⋮	⋮	⋮

注：表中数据使用图 3-1 中的单位。

基于这些数据可以进行多种统计分析，包括数据分类、汇总和各种统计量的计算，如均值、计数、最小值或最大值、频率、方差、标准差、中位数和众数等。

3.1.2　常用统计量

在统计学中，将研究对象的全体称为总体，如所有学生的"身高""成绩""体重"等，总体中的每个成员都是一个个体，如单个学生的"身高"。从总体中抽出部分个体组成的集合称为样本，样本中所含个体的数目称为样本容量。

案例 3-1 的研究对象是学生的"性别""年龄""课程兴趣"等 9 个总体，每个总体的样本容量为 50。针对"成绩"样本的统计结果如表 3-2 所示。

表 3-2　针对"成绩"样本的统计结果

统　计　量	统　计　值
均值	77.88
中位数	79
众数	79
方差	143.17
最小值	56
最大值	98
观测数	50

下面介绍常用统计量的含义。

1. 均值（Mean）

均值（通常用 μ 表示）就是通常所说的样本（一组数据）平均值，是反映数据集中趋势的统计量。

$$\mu = \frac{1}{n}\sum_{i=1}^{n} x_i$$

式中，x_i 为单个样本值，n 为样本容量。

案例 3-1 中学生"身高"样本的均值为 168.4cm，描述了全班学生"身高"的整体特征，如果将男、女学生分为两组数据来统计均值，则可获得男、女学生身高的总体差异。

2. 方差（Variance）

方差（通常用 s^2 表示）描述一组数据的离散程度，或者理解为样本个体距离均值的分散程度。标准差（std）是方差的平方根。

$$s^2 = \frac{1}{n-1} \sum_{i=1}^{n} (x_i - \mu)^2$$

例如，两组数据{1,9,30,60}和{24,25,25,26}，样本均值都是 25，而方差分别为 520.5 和 0.5，两个样本的均值虽相同，但第一组数据的离散程度远大于第二组，这说明样本来自不同总体。

3. 频率（Frequency）

频数可以理解为某值在样本中出现的次数，或者样本中不同的值分别出现的次数，频数与样本容量的比称为频率，通常用百分比表示。案例 3-1 中"性别"样本的值有"男"和"女"，其中"男"的频率是 53%，"女"的频率为 47%。

4. 分位数（Quantile）

分位数（也称分位点）是指将一个随机变量的概率分布范围分为几个等份的数值点，常用的有中位数（median）、四分位数（quartile）、百分位数等。

中位数（也称中值）可以理解为样本中大小处于中间的数值。将样本中的所有数值按从小到大顺序排列，如果样本容量为奇数，则处在中间的数值是中位数；否则处在中间的两个数值的平均值是中位数。中位数不受最大、最小两个极端数值的影响，在很多实际应用中，中位数更具参考价值。案例 3-1 中，"成绩"样本的中位数是 79。

将样本中的所有数值由小到大排列后分成 4 等份，处于 3 个分割点位置（Q_1，Q_2，Q_3）的数值就是四分位数。Q_1（也称下四分位数）等于该样本中所有数值从小到大排列后 1/4（25%）处的数值；Q_2 为中位数；Q_3（也称上四分位数）等于该样本中所有数值从小到大排列后 3/4（75%）处的数值。Q_3-Q_1 称为四分位距，反映的是样本中间 50%数据的取值范围。

5. 众数（Mode）

众数是样本中出现次数最多的值，如果所有值出现的次数一样多，则认为样本没有众数。众数能反映出样本中较关键的值，对于分类型数据的统计非常有意义。例如，在表 3-1 中，"课程兴趣"样本的众数是 4，即 4 出现的次数最多，说明对"数据科学"课程感兴趣的学生人数最多。

思考与练习

1. 简述统计量均值和中位数的区别，如果某样本统计的均值和中位数存在较大差别，说明数据集具有什么特性？

2. 使用 Excel 表格计算表 3-1 中由 5 名学生"成绩"组成的样本均值、方差、中位数和上四分位数、下四分位数。

3.2　pandas 数据结构

pandas 是由 PyData 团队开发的优秀 Python 数据分析工具包，可以处理包含不同类型数据的复杂表格和时间序列。pandas 基于 NumPy 提供了更方便的数据加载方法，包括从各种数据源汇集数据，处理缺失数据，对数据进行切片、聚合、整理和汇总统计，实现数据可视化等。

在 Anaconda 中，已经默认安装了统计分析库 pandas，使用前只需导入即可。使用 pandas 进行数据分析时，通常也会用到 NumPy 的函数，可同时导入。

```
>>> import pandas as pd
>>> import numpy as np
```

pandas 设计了两种新型数据结构——Series 和 DataFrame。它将多种数据类型的一维、二维甚至多维数据组织成类似于 Excel、数据库的表结构，以方便处理关系型数据库。由于数据分析过程中需反复使用 Series 和 DataFrame，所以将其导入本地命名空间，使用时就不需要再加上 pd。

```
>>> from pandas import Series, DataFrame
```

3.2.1　Series 对象

Series 类似于数组的一维数据结构，由两个相关联的数组组成。其数据结构如图 3-2 所示：名为"values"的值数组用于存放数据（任意类型的数据），每个数组元素都有一个与之关联的标签，存储在名为"index"的索引数组中。通常将一个总体的样本数据组织为一个 Series 对象。例如，存放运动员的身高数据，索引是编号，值是身高；存放城市人口数据，索引是城市名称，值是人口数量。

创建 Series 对象的方法如下。

```
Series([data, index, …] )
```

其中，data 可以是列表或 NumPy 的一维 ndarray 对象；index 是索引列表，如果省略，则创建时自动生成 $0 \sim n-1$ 的位置序号标签，n 为 data 中的元素个数。

index	values
1	158
2	170
3	178
⋮	⋮

图 3-2　Series 数据结构

【例 3-1】创建篮球队 5 名球员身高的 Series 对象 height，值是身高，索引是球衣号码。

```
>>> height=Series([187,190,185,178,185],index=['13','14','7','2','9'])
    #index 是字符串列表
>>> height
```

```
13     187
14     190
7      185
2      178
9      185
dtype: int64
```

Series 对象与字典类型类似，可以将 index 和 values 数组中序号相同的一对元素视为字典的键值对。用字典创建 Series 对象，将字典的 key 作为索引。

```
>>> height1=Series({'13':187,'14':190,'7':185,'2':178,'9':185})
```

3.2.2 Series 对象的数据访问

Series 对象的数据访问方式类似于一维 ndarray 对象，可以通过值的位置序号获取，同时由于每个值都关联了索引标签，也可以通过索引来访问。Series 对象的数据选取方法如表 3-3 所示。

表 3-3　Series 对象的数据选取方法

选 取 类 型	选 取 方 法	说　明
基于索引选取	obj [index]	选取某个值
	obj [indexList]	选取多个值
基于位置选取	obj [loc]	选取某个值
	obj [locList]	选取多个值
	obj [a:b, c]	选取位置序号在 a 与 b-1 之间且位置序号等于 c 的值
条件筛选	obj [condition]	选取满足条件表达式的值

【例 3-2】　使用例 3-1 创建的球员身高的 Series 对象，实现球员数据的查询、增加、删除和修改操作。

1. 球员身高查询

```
>>> height['13']          #检索 13 号球员身高，同 height[0]
187
>>> height[ ['13','2','7'] ]#检索 13、2 和 7 号球员身高，同 height[[0,3,2]]
13     187
2      178
7      185
dtype: int64

>>> height[1:3]           #检索位置序号为 1 和 2 的球员身高
14     190
7      185
```

```
>>> height[ height.values>=186 ]    #检索身高大于 186cm 的球员
13    187
14    190
dtype: int64
```

2. 球员身高修改

```
>>> height['13'] = 188           #将 13 号球员的身高修改为 188cm
>>> height['13']
188
>>> height[1:3] = 160            #修改位置序号为 1 和 2 的球员数据，标量赋值
>>> height
13    188
14    160
7     160
2     178
9     185
dtype: int64
```

3. 增加新球员

Series 对象不能直接添加新数据，需将新数据单独创建为一个 Series 对象，然后用 append()添加到原有 Series 对象中。注意，append()将两个 Series 对象拼接产生一个新的 Series 对象，原 Series 对象不变，需要赋给其他变量才能保留添加结果。

```
>>> a = Series([190,187], index=['23','5'])   #创建新球员的 Series 对象 a
>>> newheight = height.append( a )   #取出 height 的值添加 a 后赋给 newheight
>>> newheight
13    188
14    160
7     160
2     178
9     185
23    190
5     187
dtype: int64
>>> height
13    188
14    160
7     160
2     178
9     185
dtype: int64
```

4. 删除离队球员

```
>>> newheight = height.drop( ['13','9'] )        #删除 13 号和 9 号球员的数据
>>> newheight
14    160
7     160
2     178
dtype: int64
```

Series 的 drop()不删除原始对象的数据。

5. 更改球员球衣号码

Series 对象创建后，可以修改值，也可以修改索引，用新的列表替换即可。

```
>>> height.index=[1,2,3,4,5]
1    188
2    160
3    160
4    178
5    185
```

注意，如果 Series 对象的 index 本身为数字，基于位置序号的访问需要使用 iloc 方式实现。

```
#索引是数字
>>> height=Series([187,190,185,178,185],index=[13,14,7,2,9])
>>> height
13    187
14    190
7     185
2     178
9     185
dtype: int64
>>> height[ [14,7] ]     #使用索引访问
14    190
7     185
dtype: int64
>>> height.iloc[0]       #基于位置序号的访问
187
```

3.2.3 DataFrame 对象

DataFrame 类似于表格的二维数据结构。其数据结构如图 3-3 所示，包括 values（值）、index（行索引）和 columns（列索引）三部分。values 由二维 ndarray 对象构成，index

和 columns 索引则保存为一维 ndarray 对象。DataFrame 对象的任意一行数据或一列数据都可视为一个 Series 对象。通常 DataFrame 对象用于存储具有相同实体概念的数据，一个实体包含多种特征（属性）。DataFrame 对象中的一行表示一个实体实例，一列对应于实体的一个特征，一列数据可以视为一个总体。

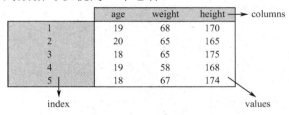

图 3-3　DataFrame 数据结构

创建 DataFrame 对象的方法如下。

```
DataFrame( data,index = [···],columns=[···] )
```

其中，data 可以是列表或 NumPy 的二维 ndarray 对象；index 是行索引列表，columns 是列索引列表，如果省略，则创建时会使用位置序号作为索引标签。

【例 3-3】　创建 DataFrame 对象 students 记录 3 名学生的信息，行索引为数字序号，列索引包括 age、weight 和 height。

```
>>> data = [[19,170,68],[20,165,65],[18,175,65]]
>>> students=DataFrame(data,index=[1,2,3],columns=['age','height',
'weight'])
>>> students
   age  height  weight
1   19     170      68
2   20     165      65
3   18     175      65
```

data 列表中的每个元素均初始化为 DataFrame 对象的一行值。

3.2.4　DataFrame 对象的数据访问

DataFrame 对象的数据访问方式类似于二维 ndarray 对象，可以通过值的位置序号获取，同时由于行、列都关联了索引标签，也可以通过索引来访问。DataFrame 对象的数据选取方法如表 3-4 所示。

表 3-4　DataFrame 对象的数据选取方法

选 取 类 型	选 取 方 法	说　　　明
基于索引选取	obj[col]	选取某列
	obj[colList]	选取某几列
	obj.loc[index, col]	选取某行和某列
	obj.loc[indexList, colList]	选取多行和多列

续表

选 取 类 型	选 取 方 法	说　明
基于位置选取	obj.iloc[iloc, cloc]	选取某行和某列
	obj.iloc[ilocList, clocList]	选取多行和多列
	obj.iloc[a:b, c:d]	选取位置为第 $a \sim (b-1)$ 行，第 $c \sim (d-1)$ 列
条件筛选	obj.loc[condition, colList]	使用索引构造条件表达式 选取满足条件的行及指定的列
	obj.iloc[condition, colcList]	使用位置序号构造条件表达式 选取满足条件的行及指定的列

如果行或列部分用"："代替，则表示选中整行或整列。

【例 3-4】 使用例 3-3 创建的 DataFrame 对象 students，实现学生信息的查询、增加、删除和修改操作。

1．学生信息查询

```
>>> students.loc[ 1, 'age']   #查询 1 号学生的年龄，index 是数字，不是字符
19
>>> students.loc[[1,3], ['height','weight']] #查询 1、3 号学生的身高和体重
     height   weight
1    170      68
3    175      65
>>> students.iloc[[0,2],[0,1]]       #查询第 0 行和第 2 行的第 0 列和第 1 列的值
     age      height
1    19       170
3    18       175
>>> students.loc[: , ['height','weight']] #行索引用"："，表示所有行
     height   weight
1    170      68
2    165      65
3    175      65
>>> students[['height','weight']]       #查询所有学生的身高和体重
     height   weight
1    170      68
2    165      65
3    175      65
>>> students.iloc[1:, 0:2]       #通过切片抽取某些行和列
     age      height
2    20       165
3    18       175
>>> students[1:3]       #抽取某行数据，列的"："可以省略
     age    height    weight
2    20     165       65
3    18     175       65
```

通常一列数据表示一个特征项，因此先按列给出筛选条件，然后选择符合条件的行。

```
#筛选身高大于 168cm 的学生，并显示其身高和体重
>>> mask = students['height']>=168
>>> mask
1    True
2    False
3    True
Name: height, dtype: bool
#使用 mask 来筛选 students 对象，若 mask 索引为 2 的值是 False，则 students 对应
索引为 2 的行未选中
>>> students.loc[ mask, ['height','weight'] ]
   height   weight
1    170      68
3    175      65
```

2. 增加学生信息

DataFrame 对象可以添加新的列，当给出的列索引标签不存在时，则作为新列添加到对象中；若列索引标签已存在，则修改原列值。DataFrame 对象不支持直接增加新行，增加行需要通过两个 DataFrame 对象的合并实现（详见 3.5.1 节）。

```
>>> students['expense'] = [1500,1600,1200]  #为 students 增加月生活费数据
>>> students
   age   height   weight   expense
1   19    170       68      1500
2   20    165       65      1600
3   18    175       65      1200
```

3. 修改学生信息

```
>>> students['expense'] = 1000              #选中月生活费列，用标量赋值
>>> students
   age   height   weight   expense
1   19    170       68      1000
2   20    165       65      1000
3   18    175       65      1000
>>> students.loc[1, :] = [21,180,70,20] #修改 1 号学生的数据，用列表赋值
>>> students
   age   height   weight   expense
1   21    180       70       20
2   20    165       65      1000
3   18    175       65      1000
#修改 1 号学生的月生活费
>>> students.loc[students['expense']<500, 'expense' ] = 1200
```

```
>>> students
    age     height      weight      expense
1   21      180         70          1200
2   20      165         65          1000
3   18      175         65          1000
```

4. 删除学生信息

DataFrame 对象的 drop()通过参数 axis 指明删除行或列，且不修改原始对象的数据。

```
>>> students.drop(1, axis=0)              #axis=0 表示行
    age     height      weight      expense
2   20      165         65          1000
3   18      175         65          1000
>>> students.drop('expense', axis=1)      #删除 expense 列，axis=1 表示列
    age     height      weight
1   21      180         70
2   20      165         65
3   18      175         65
>>> students.drop([1, 2], axis=0)         #删除多行
    age     height      weight      expense
3   18      175         65          1000
```

如果需要直接删除原始对象的行或列，使用参数 inplace=True 即可。

```
#删除多列，并修改 students 对象
>>> students.drop(['age','weight'], axis=1, inplace=True)
>>> students
    height      expense
1   180         1200
2   165         1000
3   175         1000
```

思考与练习

1．创建并访问 Series 对象。

（1）创建如表 3-5 所示的 Series 对象，其中 a～f 为索引标签。

表 3-5　数据的索引和值

a	b	c	d	e	f
30	25	27	41	25	34

（2）增加新数据，值为 27，索引为 g。

（3）修改索引 d 对应的值为 40。

（4）查询值大于 27 的数据。

（5）删除位置序号为 1～3 的数据。

【提示】　位置序号 1～3 的索引列表可以用 Series.index[1:3] 表示。

2．创建并访问 DataFrame 对象。

（1）创建 3×3 的 DataFrame 对象：数据的值为 1～9；行索引标签为字符 a、b、c；列索引标签为字符串 one、two、three。

（2）查询列索引为 two 和 three 的两列数据。

（3）查询第 0 行、第 2 行、第 0 列、第 2 列的数据。

（4）筛选第 1 列中值大于 2 的所有行数据，另存为 data1 对象。

（5）为 data1 添加一列数据，列索引为 four，值都为 10。

（6）将 data1 所有值大于 9 的数据修改为 8。

（7）删除 data1 中第 0 行和第 1 行数据。

【提示】

（1）使用 NumPy 的 arange() 和 reshape()，生成值为 1～9 的二维 ndarray 对象。

（2）使用 data>9 生成布尔型的 DataFrame 对象，用于 DataFrame 对象所有值的过滤。

3.3　数据文件的读/写

数据分析的数据可能来自多种数据源，如文件、数据库、网页或应用程序 API 等。例如，案例 3-1 中 50 名学生问卷调查反馈结果被保存在 Excel 文件中。pandas 支持多种格式的数据导入和导出，包括：CSV、TXT、Excel、HTML 等文件格式，MySQL、SQLServer 等数据库格式，JSON 等 Web API 数据交换格式。本节只介绍 CSV、TXT、Excel 这三种文件的读/写方法。

3.3.1　读/写 CSV 文件和 TXT 文件

1．读取 CSV 文件

CSV（Comma Separated Value）是一种特殊的文本文件，通常使用逗号作为字段之间的分隔符，用换行符作为记录之间的分隔符。

```
pd.read_csv(file,sep=',',header='infer',index_col=None,names,skiprows, …)
```

参数说明：

file：字符串，文件路径和文件名。

sep：字符串，每行各数据之间的分隔符，默认为逗号“,”。

header：header=None，文件中第一行不是列索引。

index_col：数字，用于行索引的列序号。

names：列表，定义列索引，默认文件中第一行为列索引。

skiprows：整数或列表，需要忽略的行数或跳过的行号列表。

【**例 3-5**】 从 student1.csv 文件（如图 3-4 所示）中读出数据，保存为 DataFrame 对象。

图 3-4　student1.csv 文件内容

```
>>> student = pd.read_csv( 'data\student1.csv ')
>>> student[-3:]      #显示最后 3 条数据
      序号    性别     年龄     身高    体重        省份      成绩
       3    male     22     180     62     FuJian       57
       4    male     20     177     72    LiaoNing      79
       5    male     20     172     74    ShanDong      91
```

由于文件中每名学生已有序号，可以在读取时将其导入为行索引。

```
>>> student = pd.read_csv( 'data\student1.csv ', index_col = 0 )
>>> student[ :3]    #从开始到序号为 3 的行
  序号    性别     年龄     身高    体重        省份      成绩
   1    male     20     170     70    LiaoNing      71
   2    male     22     180     71    GuangXi       77
   3    male     22     180     62    FuJian        57
```

当文本文件中包含中文时，必须保存为 UTF-8 编码格式，否则 Python 3 读取时会报 "UTF-8" 错误。这时可以用 "记事本" 程序打开文件，选择 "文件" 菜单中的 "另存为" 选项，出现如图 3-5 所示的对话框，从 "编码" 下拉列表中选择 "UTF-8" 选项，然后单击 "保存" 按钮即可。

图 3-5　使用 "记事本" 程序修改文件编码格式

2. 读取 TXT 文件

如果文件不是以逗号作为分隔符的 TXT（文本）文件，则读取时需要设置分隔符参数 sep。

分隔符可以是指定的字符串，也可以是正则表达式。经常使用的正则表达式通配符如表 3-6 所示。

表 3-6　正则表达式通配符

通　配　符	描　　述
\s	空格等空白字符
\S	非空白字符
\t	制表符
\n	换行符
\d	数字
\D	非数字字符

【例 3-6】 从 student2.txt（如图 3-6 所示）文件中读取数据，保存为 DataFrame 对象。student2.txt 是以制表符作为分隔符的，读取时需要指定分隔符。

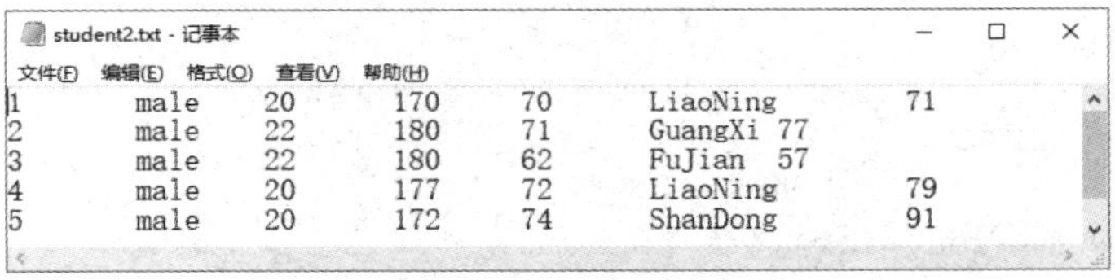


```
1	male	20	170	70	LiaoNing	71
2	male	22	180	71	GuangXi	77
3	male	22	180	62	FuJian	57
4	male	20	177	72	LiaoNing	79
5	male	20	172	74	ShanDong	91
```

图 3-6　student2.txt 文件内容

```
>>> colNames = ['性别','年龄','身高','体重','省份','成绩']
>>> student = pd.read_csv('data\student2.txt', sep='\t', index_col=0,
header=None, names= colNames )
>>> student[:2]
序号    性别  年龄   身高  体重      省份     成绩
  1    male   20    170   70  LiaoNing     71
  2    male   22    180   71   GuangXi     77
```

students2.txt 文件中不包含列索引标签，需先设置参数 header=None，然后用列表为参数 names 赋值或由读取函数自动赋值。

3. 保存 CSV 文件

```
pd.to_csv(file, sep, mode, index, header, …)
```

参数说明：

file：文件路径和文件名。

sep：分隔符，默认为逗号。

mode：导出模式，'w'为导出到新文件中，'a'为追加到现有文件中。

index：是否导出行索引，默认为 True。

header：是否导出列索引，默认为 True。

【例 3-7】 新建 DataFrame 对象 student，并将数据保存到 out.csv 文件中。

```
>>> data = [[19,68,170],[20,65,165],[18,65,175]]
>>> student = DataFrame(data,index=[1,2,3],columns=['age','weight',
'height'])
#不包括行索引
>>> student.to_csv('out.csv', mode='w', header=True, index=False)
```

3.3.2 读取 Excel 文件

从 Excel 文件中读取数据的方法类似于 CSV 文件，只需给出数据所在的表名即可，其余参数含义一致。

```
pd.read_excel(file, sheetname, …)
```

【例 3-8】 从 student3.xlsx 文件的 Group1 表中读取数据（如图 3-7 所示），保存为 DataFrame 对象。

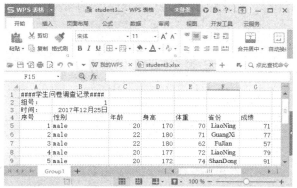

图 3-7 用 "WPS 表格" 程序查看 student3.xlsx 文件内容

文件前 3 行是说明文本，不是数据，读入 DataFrame 对象时需使用参数声明忽略它们。

```
#将序号列作为index，跳过前3行
>>> student = pd.read_excel('data\student3.xlsx', 'Group1', index_col=0,
skiprows=3 )
>>> student[:2]
序号    性别    年龄    身高    体重         省份      成绩
  1    male   20    170    70    LiaoNing    71
  2    male   22    180    71    GuangXi     77
```

其中，skiprows = 3 表示忽略前 3 行，即第 0～2 行。如果只忽略指定行，则需给出行号列表，如忽略第 2 行和第 3 行，使用 skiprows=[1,2]。

思考与练习

1. 创建 50×7 的 DataFrame 对象，数据为[10,99]之间的随机整数，列索引标签为字符

a～g，将 DataFrame 对象保存到 CSV 文件中。

【提示】　使用 NumPy 的随机生成函数 randint()生成数据。

2．海伦一直使用在线交友网站寻找适合的交友对象，为了方便分析，她将交友数据存放在 datingTestSet.xls 文件中。

（1）从文件中读取有效数据保存到 DataFrame 对象中，跳过所有文字解释行。

（2）列索引标签设为 ['flymiles','videogame','icecream','type']。

（3）显示读取的前 5 条数据。

（4）显示所有 type 为 largeDoses 的数据。

3.4　数据清洗

数据清洗是对采集数据进行重新审查和校验的过程，其目的在于删除重复信息、纠正存在的错误、保证数据的一致性。下面通过一个简单的例子说明此过程。

案例 3-1　开展调研时将 50 名学生分为 5 个小组，并将反馈数据保存在 5 张 Excel 数据表中，其中第 1 组表和第 2 组表如图 3-8 所示。

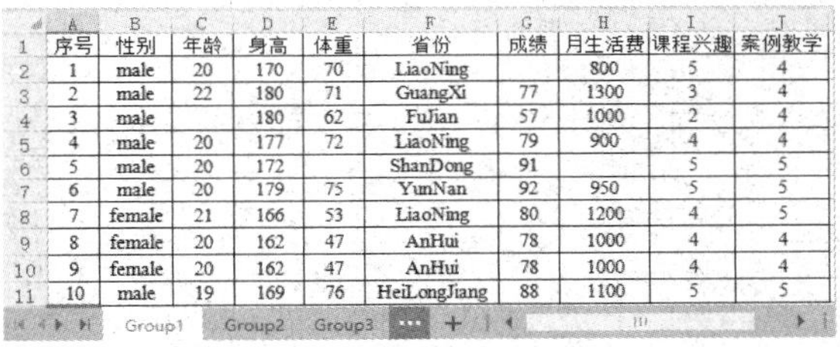

（a）第 1 组表　　　　　　　　　　　　　　　（b）第 2 组表

图 3-8　两组学生的反馈数据

观察数据发现，部分学生的答案并不完整，如图 3-8（a）中序号为 1、3 和 5 的学生。数据缺失的部分称为缺失值。实际应用中缺失值产生的原因有很多，如在市场调查中被访人拒绝透露相关问题的答案或答案无效，数据录入人员错录或漏录了数据等。

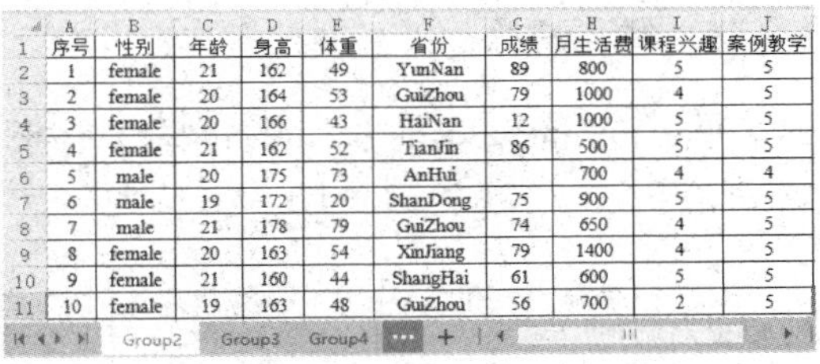

进一步分析数据，还会发现以下问题：图 3-8（a）中序号为 8 和 9 的学生数据是完全一样的；图 3-8（b）中序号为 6 的学生体重只有 20kg，而身高是 172cm；序号为 3 的学生对课程兴趣和案例教学的满意度都给出了最高分 5 分，但其考试成绩却只有 12 分。出现以上这些情况意味着录入数据时可能发生了错误，或者学生填写时给出了无意义的数据。

如果原始数据不正确，分析结果就会产生偏差，因此在处理前应对"脏数据"进行清洗。数据清洗过程需要借助历史经验产生的规则，利用筛选、统计和数据挖掘等方法来完成。本节主要介绍数据滤除和填充的实现方法，完成缺失和重复数据的清洗。不一致数据的处理也需依据规则对筛选出的数据进行滤除或填充，不再单独介绍。

3.4.1　缺失数据处理

使用计算机对大量数据进行缺失处理，主要有数据滤除和数据填充两类方法。

DataFrame 对象提供了处理函数以实现对应的功能。

【例 3-9】 从文件 studentsInfo.xlsx 的 Group1 表中读取数据，滤除部分缺失数据，填充部分缺失数据。

```
>>> stu = pd.read_excel('data\studentsInfo.xlsx','Group1',index_col=0)
>>> stu
序号      性别    年龄    身高    体重    省份       成绩    月生活费 课程兴趣 案例教学
  1     male   20.0   170   70.0   LiaoNing    NaN    800.0      5       4
  2     male   22.0   180   71.0   GuangXi    77.0   1300.0     3       4
  3     male   NaN    180   62.0   FuJian     57.0   1000.0     2       4
  4     male   20.0   177   72.0   LiaoNing   79.0    900.0     4       4
  5     male   20.0   172   NaN    ShanDong   91.0     NaN      5       5
...
```

输出中缺失数据表示为 NaN。NaN 是在 NumPy 中定义的，若某个数据填充为缺失值，则可以用 np.NaN（或 np.nan）来赋值。

对缺失数据是填充还是滤除取决于实际应用。如果样本容量很大，则缺失行可以忽略，否则应考虑采用合适的值进行填充，以避免样本的浪费。

1. 数据滤除

DataFrame 对象的 dropna()删除空值所在的行或列，产生新数据对象，不修改原始对象，格式如下。

```
DataFrame.dropna(axis, how, thresh, …)
```

参数说明：

axis：0 表示按行滤除，1 表示按列滤除，默认为 axis=0。

how：'all'表示滤除全部值为 NaN 的行或列。

thresh：只留下有效数据个数大于或等于 thresh 的行或列。

例如：

```
>>> stu.dropna()          #默认删除包含缺失值的行（序号为 1、3、5 的行被滤除）
序号      性别    年龄    身高    体重    省份       成绩    月生活费 课程兴趣 案例教学
  2     male   22.0   180   71.0   GuangXi   77.0   1300.0     3       4
  4     male   20.0   177   72.0   LiaoNing  79.0    900.0     4       4
  6     male   20.0   179   75.0   YunNan    92.0    950.0     5       5
...
```

当样本容量较小时，可以考虑只删除缺失值较多的行，如保留只缺 1 项的学生信息，删除缺 2 项及以上的学生信息。

```
>>> stu.dropna(thresh=8)    #保留有效数据个数≥8 的行 (序号 5 的行被滤除)
序号      性别    年龄    身高    体重    省份       成绩    月生活费 课程兴趣 案例教学
  1     male   20.0   170   70.0   LiaoNing    NaN    800.0      5       4
  2     male   22.0   180   71.0   GuangXi    77.0   1300.0     3       4
```

3	male	NaN	180	62.0	FuJian	57.0	1000.0	2	4
4	male	20.0	177	72.0	LiaoNing	79.0	900.0	4	4
6	male	20.0	179	75.0	YunNan	92.0	950.0	5	5

...

2. 数据填充

不能滤除的 NaN 需要填充后才能保证样本数据的完整性。数据填充有两种基本思路，用默认值填充或用已有数据的均值/中位数填充。

DataFrame 对象的 fillna() 可实现数据的批量填充功能，也可以对指定的列进行填充，其格式如下。

```
DataFrame.fillna(value, method, inplace, …)
```

参数说明：

value：填充值，可以是标量、字典、Series 或 DataFrame。

method：'ffill' 表示用同列前一行数据填充缺失值，'bfill' 表示用同列后一行数据填充。

inplace：是否修改原始数据的值，默认为 False，产生一个新的数据对象。

例 3-9 的数据中"年龄"和"体重"列有缺失值，同一年级学生的年龄相差不大，可以用默认值来填充，而体重差别比较大，用均值来填充更合适。按列来填充，需要构造{列索引名:值}形式的字典对象作为实参。

```
>>> stu.fillna({'年龄':20, '体重':stu['体重'].mean()} )
```

序号	性别	年龄	身高	体重	省份	成绩	月生活费	课程兴趣	案例教学
1	male	20.0	170	70.000000	LiaoNing	NaN	800.0	5	4
2	male	22.0	180	71.000000	GuangXi	77.0	1300.0	3	4
3	male	20.0	180	62.000000	FuJian	57.0	1000.0	2	4
4	male	20.0	177	72.000000	LiaoNing	79.0	900.0	4	4
5	male	20.0	172	63.666667	ShanDong	91.0	NaN	5	5

...

当然也可以简单地用前一行数据来替换当前行的缺失值。

```
>>> stu.fillna(method='ffill')          #每个缺失值均用同列前一行的值填充
```

序号	性别	年龄	身高	体重	省份	成绩	月生活费	课程兴趣	案例教学
1	male	20.0	170	70.0	LiaoNing	NaN	800.0	5	4
2	male	22.0	180	71.0	GuangXi	77.0	1300.0	3	4
3	male	22.0	180	62.0	FuJian	57.0	1000.0	2	4
4	male	20.0	177	72.0	LiaoNing	79.0	900.0	4	4
5	male	20.0	172	72.0	ShanDong	91.0	900.0	5	5

...

上述填充操作都会产生一个新的数据对象，原始对象不会被修改。可以通过设置参数 inplace=True 直接填充原始对象中的缺失值。

3.4.2　去除重复数据

【例 3-10】　从文件 studentsInfo.xlsx 的 Group1 表中读取数据，去除重复数据。
用 DataFrame 对象的 drop_duplicates()去除值与前面行重复的行，其格式如下。

```
DataFrame.drop_duplicates()
```

实现代码如下。

```
>>> stu = pd.read_excel('data\studentsInfo.xlsx','Group1',index_col=0)
>>> stu.drop_duplicates()                #序号为9的行被滤除
序号    性别    年龄    身高    体重        省份    成绩  月生活费  课程兴趣  案例教学
  1    male  20.0   170   70.0     LiaoNing   NaN   800.0       5       4
  2    male  22.0   180   71.0      GuangXi  77.0  1300.0       3       4
   ⋮
  8  female  20.0   162   47.0        AnHui  78.0  1000.0       4       4
 10    male  19.0   169   76.0  HeiLongJiang  88.0  1100.0       5       5
```

思考与练习

1．数据清洗。
（1）从 studentsInfo.xlsx 文件的 Group1 表中读取数据。
（2）将"案例教学"列的值全改为 NaN。
（3）滤除每行数据中缺失 3 项以上（包括 3 项）的行。
（4）滤除值全部为 NaN 的列。
2．数据填充。
（1）从 studentsInfo.xlsx 文件的 Group1 表中读取数据。
（2）使用列的平均值填充"体重"和"成绩"列的 NaN 数据。
（3）使用同列前一行数据填充"年龄"列的 NaN 数据。
（4）使用中位数填充"月生活费"列的 NaN 数据。
【提示】　使用 3.6 节表 3-11 中的函数计算中位数。

3.5　数据规整化

3.5.1　数据合并

在实际应用中，一方面，同一实体的相关数据可能来自不同的业务系统，例如，学生的基本信息来自教务系统，刷卡数据来自一卡通系统，因此分析学生行为时，需将不同来源的数据按照学生标识进行合并；另一方面，多个批次会产生相同实体的多个数据集，如案例 3-1 中反馈数据分别存放在 5 张 Excel 表中，需要按照行将其追加合并为一个样本集。

本节通过实例介绍两种常用场景的数据合并方法。

1. 行数据追加

【例 3-11】　将学生基本信息（如表 3-7 所示）存放在 DataFrame 对象中，向其中添加新增学生的信息（如表 3-8 所示）。

表 3-7　学生基本信息

学　　号	姓　　名	专　　业
202003101	赵成	软件工程
202005114	李斌丽	机械制造
202009111	孙武一	工业设计

表 3-8　新增学生信息

学　　号	姓　　名	专　　业
202003103	王芳	软件工程
202005116	袁一凡	工业设计

原数据的列索引与新增数据的列索引完全相同，此时数据追加可以通过 pandas 的轴向连接函数 concat() 实现，将新增数据保存为另一个 DataFrame 对象，其格式如下。

```
pd.concat(objs, axis, …)
```

参数说明：

objs：Series、DataFrame 的序列或字典。

例如：

```
>>> colStu = ['学号', '姓名', '专业' ]              #列索引
>>> data1 = [ ['202003101','赵成','软件工程'], ['202005114','李斌丽',
'机械制造'], ['202009111','孙武一','工业设计'] ]    #值列表
>>> stu1 = DataFrame( data1, columns=colStu )      #行索引自动生成
>>> data2 = [ ['202003103','王芳','软件工程'], ['202005116','袁一凡',
'工业设计'] ]
>>> stu2 = DataFrame( data2, columns=colStu )
>>> newStu = pd.concat([stu1,stu2], axis=0)#axis=0 表示按行进行数据追加
>>> newStu

      学号       姓名       专业
0  202003101   赵成     软件工程
1  202005114   李斌丽   机械制造
2  202009111   孙武一   工业设计
0  202003103   王芳     软件工程
1  202005116   袁一凡   工业设计
```

2. 列数据连接

【例 3-12】　一卡通的刷卡记录（如表 3-9 所示）。校教务部门准备分析各专业学生去图书馆的习惯，需要将"教务"和"一卡通"两个业务系统的数据拼接起来。

表 3-9 一卡通的刷卡记录

ID	刷 卡 地 点	刷 卡 时 间	消 费 金 额
202003101	一食堂	20180305 11:45	14.2
104574	教育超市	20180307 17:30	25.2
202003103	图书馆	20180311 18:23	
202005116	图书馆	20180312 08:32	
202005114	二食堂	20180312 17:08	12.5
202003101	图书馆	20180314 13:45	

教务表中的"学号"和一卡通表中的"ID"表示相同的概念，比较两张表中每行的"学号"和"ID"（键）的值，将匹配行的列连接起来。pandas 可提供 merge()实现此功能，函数形式如下。

```
pd.merge(x,y,how,left_on,right_on, …)
```

参数说明：

  x：左数据对象。

  y：右数据对象。

  how：数据对象连接的方式，如 inner、outer、left 和 right。

  left_on：左数据对象用于连接的键。

  right_on：右数据对象用于连接的键。

参数 how 定义了 4 种合并方式。

（1）inner：内连接，连接两个数据对象中键值交集的行，其余忽略。

（2）outer：外连接，连接两个数据对象中键值并集的行。

（3）left：左连接，取出 x 的全部行，连接 y 中匹配的键值行。

（4）right：右连接，取出 y 的全部行，连接 x 中匹配的键值行。

使用第（2）、（3）或（4）种方式合并，当某列数据不存在时自动填充 NaN。

本例分析学生去图书馆的习惯，应采用"left"方式将一卡通刷卡记录拼接到学生基本信息 newStu 中，忽略一卡通刷卡记录中非学生的记录。

```
>>> colCard = ['ID','刷卡地点','刷卡时间','消费金额']
>>> data3 = [ ['202003101','一食堂','20180305 1145',14.2], ['104574',
'教育超市','20180307 1730',25.2],['202003103','图书馆','20180311
1823'],['202005116','图书馆','20180312 0832'],['202005114','二食
堂','20180312 1708',12.5],['202003101','图书馆','20180314 1345']]
>>> card = DataFrame( data3, columns=colCard )    #创建一卡通数据对象
#左连接
>>> pd.merge(newStu,card, how='left', left_on='学号', right_on='ID')
   序号      学号      姓名      专业       ID  刷卡地点      刷卡时间  消费金额
  0 202003101  赵成   软件工程  202003101   一食堂  20180305 1145   14.2
  1 202003101  赵成   软件工程  202003101   图书馆  20180314 1345    NaN
```

2 202005114	李斌丽	机械制造	202005114	二食堂	20180312	1708	12.5
3 202009111	孙武一	工业设计	NaN	NaN		NaN	NaN
4 202003103	王芳	软件工程	202003103	图书馆	20180311	1823	NaN
5 202005116	袁一凡	工业设计	202005116	图书馆	20180312	0832	NaN

3.5.2　数据排序

数据排序是分析数据特征的重要方法。Series 对象和 DataFrame 对象都可以按照列的值排序，同时也可以为列数据生成排名。

1. 值排序

实现 DataFrame 对象值排序的函数格式如下。

```
DataFrame.sort_values(by, ascending,inplace, …)
```

参数说明：

　　by：列索引，定义用于排序的列。

　　ascending：排序方式，True 表示升序，False 表示降序。

　　inplace：是否修改原始数据对象，True 表示修改，默认为 False，即不修改。

Series 对象值排序的函数省略参数 by 即可。

【例 3-13】　从文件 studentsInfo.xlsx 的 Group3 表中读取数据，按"成绩"进行排序分析。

```
>>> stu = pd.read_excel('data\studentsInfo.xlsx','Group3',index_col=0)
#导入 Excel 数据
>>> stu.sort_values(by='成绩', ascending=False)          #按成绩降序排列
```

序号	性别	年龄	身高	体重	省份	成绩	月生活费	课程兴趣	案例教学
30	female	20	168	52	JiangSu	98	700	5	5
21	female	21	165	45	ShangHai	93	1200	5	5
23	male	21	169	80	GanSu	93	900	5	5
22	female	19	167	42	HuBei	89	800	5	5
29	female	20	161	51	GuangXi	80	1250	5	5

...

如果按多列排序，如 by=['身高','体重']，则先按"身高"排序，若某些行的"身高"相同，则这些行再按"体重"排序。

```
#按照身高和体重升序排列
>>> stu.sort_values(by=['身高','体重'], ascending=True)
```

序号	性别	年龄	身高	体重	省份	成绩	月生活费	课程兴趣	案例教学
24	female	21	160	49	HeBei	59	1100	3	5
28	female	22	160	52	ShanXi	73	800	3	4
29	female	20	161	51	GuangXi	80	1250	5	5
27	female	21	162	49	ShanDong	65	950	4	4

...

2. 排名

排名可在排序基础上进一步给出每行的名次，排名时可以定义等值数据的处理方式，如并列取值可取名次的最小值/最大值/均值。排名函数的格式如下。

```
DataFrame.rank(axis,method,ascending,…)
```

参数说明：

    axis：0 表示按行数据排名，1 表示按列数据排名。

    method：并列取值，如 min、max、mean 等。

    ascending：排序方式，True 表示升序，False 表示降序。

【例 3-14】 对例 3-13 中的"成绩"按降序排名，并增加"成绩排名"列。

```
>>> stu['成绩排名'] = stu['成绩'].rank(method='min', ascending=False)
>>> stu
序号      性别    年龄  身高  体重        省份  成绩   月生活费  课程兴趣  案例教学  成绩排名
 21  female    21  165   45  ShangHai  93    1200     5      5       2
 22  female    19  167   42     HuBei  89     800     5      5       4
 23    male    21  169   80     GanSu  93     900     5      5       2
 24  female    21  160   49     HeBei  59    1100     3      5      10
...
```

排名结果显示，序号为 21 和 23 的两名学生并列第 2 名，第 3 名空缺。

思考与练习

1．数据合并。

（1）从 studentsInfo.xlsx 文件的 Group3 表中读取数据，将"序号""性别""年龄"列保存到 data1 对象中。

（2）从 studentsInfo.xlsx 文件的 Group3 表中读取数据，将"序号""身高""体重""成绩"列保存到 data2 对象中。

（3）将 data2 合并到 data1 中，连接方式为内连接。

2．数据的排序和排名。

（1）使用题 1 中完成后的数据。

（2）按"月生活费"对数据进行升序排列。

（3）按"身高"对数据进行降序排名，并将并列取值方式设置为 min。

3.6　统计分析

原始数据经过清洗、合并等处理后完成数据准备，后续分析通常需要数学计算实现。Series 对象和 DataFrame 对象继承了 NumPy 的数学函数，并提供了更完善的统计、汇总分析方法。

3.6.1　通用函数与运算

DataFrame 对象可以实现与 DataFrame 对象、Series 对象或标量之间的算术运算，如表 3-10 所示。

表 3-10　DataFrame 对象的算术运算

运　算　符	描　　　述
df.T	DataFrame 对象转置
df1 + df2	按照行和列的索引相加，得到并集，用 NaN 填充缺失值
df1.add(df2, fill_value=0)	按照行和列的索引相加，用指定值填充缺失值
df1.add/sub/mul/div	四则运算
df − sr	DataFrame 对象的所有行同时减去 Series 对象
df * n	所有元素乘以 n

DataFrame 对象元素级的函数运算可以通过 NumPy 的一元通用函数(ufunc)实现，格式如下。

```
np.ufunc(df)
```

【例 3-15】 分析例 3-13 中学生的体质，即计算 BMI（Body Mass Index）。世界卫生组织对 BMI 的定义为：

$$BMI（kg/m^2）= 体重÷身高^2$$

我国体质评判标准：BMI≤18.5，过轻；BMI 为 18.5～24，正常；BMI 为 24～28，偏胖；BMI≥28，肥胖。

下面计算每名学生的 BMI，并增加到原始数据对象中。

```
>>> stu[ :2]
序号      性别    年龄    身高    体重      省份      成绩    月生活费    课程兴趣    案例教学
 21  female   21    165    45   ShangHai   93    1200        5         5
 22  female   19    167    42    HuBei     89     800        5         5
>>> stu['BMI'] = stu['体重'] / ( np.square(stu['身高']/100) )  #增加新列
>>> stu[:3]
序号      性别    年龄    身高   体重       省份   成绩   月生活费   课程兴趣   案例教学         BMI
 21  female   21    165    45   ShangHai   93    1200        5       5   16.528926
 22  female   19    167    42    HuBei     89     800        5       5   15.059701
 23   male    21    169    80    GanSu     93     900        5       5   28.010224
```

对比 BMI 指数的判别标准可以看出，两名女生体重偏轻，而一名男生达到了肥胖级别，应该减肥了。

3.6.2　统计函数

pandas 的常用统计函数如表 3-11 所示，包括 Series 对象和 DataFrame 对象。

表 3-11　pandas 的常用统计函数

函　　数	描　　述
sr.value_counts()	统计出现值的频数
sr.unique()	返回出现的不同值
sr.describe()	返回基本统计量和分位数
sr1.corr(sr2)	sr1 与 sr2 的相关系数
df.count()	统计每列数据的个数
df.max()、df.min()	最大值和最小值
df.idxmax()、df.idxmin()	最大值、最小值对应的索引
df.sum()	按行或列求和
df.mean()、df.median()	计算均值、中位数
df.quantile()	计算给定的四分位数
df.var()、df.std()	计算方差、标准差
df.mode()	计算众数
df.cumsum()	从 0 开始向前累加各元素
df.cov()	计算协方差矩阵
pd.crosstab(df[col1],df[col2])	求交叉表，计算分组的频数

【例 3-16】　对例 3-13 中学生的"成绩""月生活费"进行统计分析。

```
>>> stu['成绩'].mean()                     #计算成绩的平均值
78.0
>>> stu['月生活费'].quantile( [.25, .75] )   #计算月生活费的上、下四分位数
0.25    800.0
0.75    1175.0
Name: 月生活费, dtype: float64
```

describe()可以一次性计算多项统计值，也称为描述统计。例如：

```
#对身高、体重和成绩这 3 列数据进行描述统计
>>> stu[['身高','体重','成绩']].describe()

              身高          体重          成绩
count   10.000000   10.0000   10.000000
mean   165.500000   55.1000   78.000000
std      6.381397   12.8448   14.476034
min    160.000000   42.0000   59.000000
25%    161.250000   49.0000   65.750000
50%    163.500000   51.5000   76.500000
75%    167.750000   53.5000   92.000000
max    181.000000   80.0000   98.000000
```

分组是指根据某些索引先将数据对象划分为多个分组，然后对每个分组进行排序或统计计算，具体方法如下。

```
grouped = DataFrame.groupby(col)
grouped.fun()
grouped.aggregate({'col1':fun1, 'col2':fun2, …})
grouped.aggregate([fun1,fun2, …])
```

参数说明：

　　col：统计列索引。

　　fun：NumPy 的聚合函数名，如 count、sum、mean、std、min、max 等。

【例 3-17】　对例 3-13 中学生的"身高""体重""月生活费"数据按"性别"和"年龄"进行分组分析。

```
>>> grouped = stu.groupby(['性别', '年龄'])
>>> grouped['体重'].mean()
性别    年龄
female 19    42.00
       20    51.50
       21    49.25
       22    52.00
  male 21    78.50
>>> grouped.aggregate( {'身高':np.mean, '月生活费':np.max } )
   性别    年龄       身高      月生活费
female  19    167.00       800
        20    164.50      1250
        21    162.25      1300
        22    160.00       800
  male  21    175.00       900
>>> grouped['体重'].aggregate( [np.mean, np.max] )
            mean   amax
性别    年龄
female 19  42.00    42
       20  51.50    52
       21  49.25    54
       22  52.00    52
male   21  78.50    80
```

pandas 提供类似于 Excel 中交叉表的统计函数 crosstab()，格式如下。

```
pd.crosstab(obj1, obj2, …)
```

该函数按照给定的第 1 列进行分组，并对第 2 列进行计数。

参数说明：

　　obj1：用于分组的列。

obj2：用于计数的列。

例如：

```
>>> pd.crosstab( stu['性别'], stu['月生活费'])  #pandas 函数
月生活费      700    800    900    950    1100   1200   1250   1300
性别
female       1      2      0      1      1      1      1      1
male         0      1      1      0      0      0      0      0
```

3.6.3 相关性分析

相关性分析指研究不同总体之间是否存在依存关系。pandas 可视化分析的散点图矩阵（详见 4.2.1 节）可以用于直接观察不同数据列之间的关系，相关性的定量分析则可以通过计算样本之间的相关系数 r 来实现，r 具有以下特征。

（1）r 的值介于-1 与+1 之间。

（2）$r=1$ 表示两个总体正相关，$r=0$ 表示不相关，$r=-1$ 表示负相关。

（3）当 $0<|r|<1$ 时，表示两个总体存在一定程度的相关性。$|r|$越接近 1，表示相关性越强；$|r|$越接近 0，表示相关性越弱。

（4）相关性一般可按 3 级划分：$|r|<0.3$ 为低度相关；$0.3 \leqslant |r|<0.8$ 为中等相关；$0.8 \leqslant |r|<1$ 为高度相关。

当样本容量较大（大于或等于 30）时，相关性分析的准确性较高。pandas 实现函数如下。

```
DataFrame.corr()
```

【例 3-18】 分析例 3-13 中学生"身高"、"体重"与"成绩"之间的相关性。

```
>>> stu['身高'].corr( stu['体重'] )              #两列数据之间的相关性
0.67573990985276822
>>> stu[['身高','体重','成绩'] ].corr()          #多列数据之间的相关性
              身高          体重          成绩
身高    1.000000    0.675740    0.080587
体重    0.675740    1.000000   -0.072305
成绩    0.080587   -0.072305    1.000000
```

以上分析表明，"身高"与"体重"有一定的关系，但相关性不是很高，而两者都与"成绩"没有相关性。

3.6.4 案例：问卷调查反馈表分析

案例 3-1 对 50 名学生进行问卷抽样调查，反馈数据保存在 studentInfo.xlsx 文件的 5 张表中。综合 5 组数据实现以下分析目标。

① 男生、女生对"数据科学"课程的兴趣程度和成绩的变化趋势。

② 学生来自的省份及性别与成绩是否存在关系。

③ 学生身高、体重达标状况。

下面按步骤分段介绍分析方法及实现代码，完整程序见本书资源包中的 3-student.py，分析计算结果使用 print 语句输出，不再给出交互环境运行的结果。

（1）导入所需的方法库。

```
import pandas as pd
import numpy as np
from pandas import Series, DataFrame
```

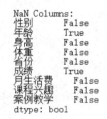

问卷调查

（2）从 Excel 文件的 5 张表中读取数据，拼接为一个 DataFrame 对象。

```
#从 Excel 文件的 5 张表中读取数据
df1=pd.read_excel('data\studentsInfo.xlsx','Group1',index_col=0)
df2=pd.read_excel('data\studentsInfo.xlsx','Group2',index_col=0)
df3=pd.read_excel('data\studentsInfo.xlsx','Group3',index_col=0)
df4=pd.read_excel('data\studentsInfo.xlsx','Group4',index_col=0)
df5=pd.read_excel('data\studentsInfo.xlsx','Group5',index_col=0)
#按行追加形式，拼接数据集
stu = pd.concat([df1,df2,df3,df4,df5], axis = 0)
print( 'Data Size:', stu.shape )
```

拼接后 DataFrame 对象大小为(50, 9)。

（3）去除完全重复及缺失数据较多（个数大于或等于 2）的行，检测是否还有缺失数据。

```
stu.drop_duplicates(inplace = True)     #去除重复行，更新方式
stu.dropna(thresh=8,inplace = True )    #去除有缺失数据的行，更新方式
print( 'Data Size after drop:', stu.shape )
print( "NaN Columns:\n",stu.isnull().any() ) #缺失数据列检测
```

删除重复和部分缺失数据的行后，数据对象大小为(48，9)。stu.isnull()检测对象中的每个值是不是 NaN，得到布尔型 DataFrame 对象。any()默认按列检测是否存在为 False 的值，得到布尔型 Series 对象，如图 3-9 所示。结果表明，"年龄""成绩"列存在缺失值需要填充。

```
NaN Columns:
性别        False
年龄        True
身高        False
体重        False
省份        False
成绩        True
月生活费      False
课程兴趣      False
案例教学      False
dtype: bool
```

图 3-9　NaN 检测结果

（4）填充缺失值，"成绩"按照平均分填充；由于接受调查的为大二学生，所以"年龄"用默认值"20"来填充。

```
stu.fillna({'年龄':20, '成绩':stu['成绩'].mean()},
           inplace=True )
print( "NaN Columns:\n",stu.isnull().any() )
```

（5）将学生数据按照"成绩"排序，统计成绩优秀（大于或等于 90 分）和不及格（小于 60 分）的学生个数，并分别计算成绩优秀与不及格的学生平均课程兴趣程度，以及全体学生成绩的平均分与平均课程兴趣程度。

```
#按照成绩排序
stu_grade = stu.sort_values(by='成绩', ascending=False)
ex = (stu_grade['成绩']>=90 ).sum()    #计算成绩优秀人数
fail = (stu_grade['成绩']<60 ).sum()   #计算成绩不及格人数
print("Excellent: {}, Fail: {}".format(ex,fail))
```

条件表达式 stu_grade['成绩']>=90 得到布尔型 Series 对象，sum()统计其值为 True 的个数。成绩优秀人数为 9，成绩不及格人数为 4。

```
ex_mean = stu_grade[0:9][['成绩','课程兴趣']].mean()   #前 9 行为成绩优秀的
total_mean = stu_grade[['成绩','课程兴趣']].mean()
fail_mean = stu_grade[-4:][['成绩','课程兴趣']].mean()#后 4 行为成绩不及格的
print("ex_mean:\n", ex_mean, "\ntotal_mean\n",total_mean, "\nfail_
      mean\n", fail_mean)
#计算两列相关系数
print( stu_grade['成绩'].corr(stu_grade['课程兴趣']) )
```

使用排序后的 stu_grade 按行选出部分数据，分别统计"成绩"和"课程兴趣"这两列的均值。结果表明，三类统计"成绩"均值分别为 93.8、76.3 和 46.0，而"课程兴趣"的均值分别为 5.0、4.2 和 3.0，从趋势上看，课程学习的成绩与兴趣的变化具有一致性，这两列数据的相关系数为 0.44。

（6）分析"性别"、"省份"与"成绩"是否存在相关性，由于"性别"和"省份"数据均为字符型数据，无法用 corr()来计算，可以通过分组计算均值。

```
sex_grouped = stu.groupby(['性别'])
sex_counts = sex_grouped.count()     #统计每个分组的行数
#分组统计成绩平均值
sex_mean = stu.groupby(['性别']).aggregate( {'成绩':np.mean } )
print(sex_counts, '\n', sex_mean)
pro_counts = stu.groupby(['省份']).count()
pro_mean = stu.groupby(['省份']).aggregate( {'成绩':np.mean } )
print(pro_counts, '\n', pro_mean)
```

结果表明，男、女学生各 24 名，平均成绩分别是 79.0 分和 73.7 分，说明男生在该门课程中成绩更好一些。按省份分组，各省平均分相去甚远，但观察每个省份只有 1～3 名学生，分组样本太少，导致分析结果不具备参考价值。

（7）计算学生的 BMI，分别找出四分位数，并与我国标准进行比较。

```
stu['BMI'] = stu['体重'] / ( np.square(stu['身高']/100) )
#计算四分位数
print( stu['BMI'].quantile( [.25,0.5,.75] ) )
#计算 BMI>28 的人数
print('BMI>28 肥胖人数:', (stu['BMI']>=28 ).sum() )
```

结果表明，有 25%的学生 BMI 为 18.6，体重偏轻；有 75%的学生 BMI 为 23.4，在正常范围内。只有一名学生的 BMI 超过了 28，属于肥胖。

思考与练习

1. 针对案例 3-1，思考并提出其他可行的分析目标。
2. 通过查阅资料，列举其他领域的数据汇总和统计问题，并思考解决方案。

综合练习题

1. 根据"数据科学系"实验教学计划（数据格式如表 3-12 所示），完成以下分析。

表 3-12　DataScience.xlsx 的数据格式

周次	星期	节次	课程	实验项目	课时数	类型	班级	人数	二级实验室	地点
2	1	5～7	数据结构	顺序表的基本操作	3	验证型	数据科学 181	24	基础实验室	11-505

（1）读取 DataScience.xlsx 文件，保存到 DataFrame 对象中。

（2）查询实验教学计划的基本内容及总数。

（3）查询实验教学计划中是否含有 NaN 数据。将含有 NaN 数据的行导出为数据文件 pre.csv，选用合适的方式和数据（填充、删除）清洗数据。

（4）查询"课程"、"实验项目"、"类型"和"二级实验室"4 列数据内容。

（5）统计每门课程的实验课时数。

（6）统计每周开设的各门课程的实验课时数。

（7）统计每门课程的实验类型分布（crosstab）。

（8）统计每个班级的实验课表。

（9）分析各二级实验室承担的实验课时数。

（10）分析各二级实验室能够支持的实验类型。

2. 根据银行储户的基本信息（如表 3-13 所示），完成以下分析。

表 3-13　bankpep.csv 数据文件的数据格式

id	age	sex	region	income	married	children	car	save_act	current_act	mortgage	pep
编号	年龄	性别	区域	收入	婚否	孩子数	有车否	存款账户	现金账户	是否抵押	接受新业务

（1）从 bankpep.csv 文件中读取用户信息。

（2）查看储户的总数，以及居住在不同区域的储户数。

（3）计算不同性别储户收入的均值和方差。

（4）按性别、区域统计接受新业务的储户数。

（5）将存款账户、接受新业务的数据转化为数值型。

（6）分析收入、存款账户与接受新业务之间的关系。

第4章

数据可视化

数据可视化是数据探索阶段的重要方法，它将数据以图形的形式表示，揭示隐藏的数据特征，直观地传达关键信息，辅助建立数据分析模型，展示分析结果。本章结合 Python 的绘图库 Matplotlib 和 pandas，介绍可视化分析中常用图形的特点、绘制方法及其适合展示的数据特性，最后给出使用 pyecharts 绘制交互式图表的基本方法。

4.1 Python 绘图基础

Python 的 Matplotlib 是专门用于开发二维（包括三维）图表的工具包，可以实现图形元素精细化控制，绘制专业的分析图表，是目前应用广泛的数据可视化工具。pandas 封装了 Matplotlib 的主要绘图功能，利用 Series 对象和 DataFrame 对象的数据组织特点简便、快捷地创建标准化图表。

4.1.1 认识基本图形

Python 绘图

数据展示的图形有多种，可以揭示数据不同侧面的特点，适用于不同特性的数据集合。在数据探索时，可以尝试绘制多种图形来综合观察。按照数据值特性，常用可视图形大致可以分为以下 3 类。

（1）展示离散数据：散点图、柱状图、饼图等。

（2）展示连续数据：直方图、箱形图、折线图、半对数图等。

（3）展示数据的区域或空间分布：统计地图、曲面图等。

图 4-1 所示为反映国民经济的两张统计图，其中图 4-1（a）用柱状图展现 2015—2019 年国内生产总值及其增长率，可以看到各年度国内生产总值的对比，并用折线图来展示国内生产总值增长率的变化趋势；图 4-1（b）用饼图展示 2019 年第二季度各品牌手机市场的占比，后续将详细介绍各类图的作用与绘制方法。

4.1.2 pandas 快速绘图

pandas 基于 Series 对象和 DataFrame 对象的绘图过程非常简单，只需要 3 个步骤。

（1）导入：导入 Matplotlib 用于图形显示。

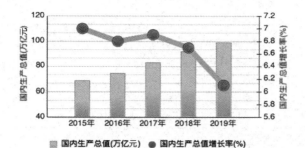

（a）2015—2019 年国内生产总值及其增长率

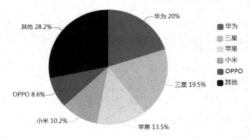

（b）2019 年第二季度手机市场占比

图 4-1　国民经济统计图

（2）准备数据：使用 Series 对象或 DataFrame 对象封装数据。

（3）绘图：调用 Series.plot()或 DataFrame.plot()完成绘图。

【例 4-1】 绘制 2010—2020 年我国 GDP（国内生产总值）折线图，结果如图 4-2 所示。

```
import matplotlib.pyplot as plt          #导入 pyplot，用于图形显示
from pandas import DataFrame
gdp = [41.3,48.9,54.0,59.5,64.4,68.9,74.4,82.1,90.0,99.1,101.6]
data = DataFrame({'GDP: Trillion':gdp}, index=['2010','2011','2012',
        '2013','2014','2015','2016','2017','2018','2019', '2020'])
data.plot()
plt.show()                               #显示图形
```

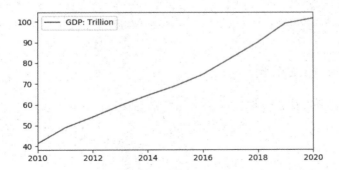

图 4-2　2010—2020 年我国 GDP（单位：万亿元）折线图

pandas 默认的 plot()完成了图形的主要信息绘制，但添加各类图元信息，如标题、图例、刻度标签及注释等，或者选择图形的展示类别、控制颜色、位置等，则需要在 plot()中对相关参数进行设置。表 4-1 列出了 DataFrame.plot()的常用参数，Series.plot()的多数参数与之类似。

表 4-1 DataFrame.plot()的常用参数

参 数 名	说 明
x	x 轴数据，默认值为 None
y	y 轴数据，默认值为 None
kind	绘图类型。'line': 折线图，默认值; 'bar': 垂直柱状图; 'barh': 水平柱状图; 'hist': 直方图; 'box': 箱形图; 'kde': Kernel 核密度估计图; 'density': 与'kde'相同; 'pie': 饼图; 'scatter': 散点图
figsize	图形尺寸，元组
title	图形标题，字符串
color	画笔颜色。采用颜色缩写表示，如'r'、'b'，或者 RGB 值，如'#CECECE'。主要颜色缩写，如'b': blue; 'c': cyan; 'g': green; 'k': black; 'm': magenta; 'r': red; 'w': white; 'y': yellow
grid	图形是否有网格，默认值为 None
fontsize	坐标轴（包括 x 轴和 y 轴）刻度的字体大小。整数，默认值为 None
alpha	图表的透明度，值为 0～1，值越大颜色越深
use_index	默认为 True，用索引作为 x 轴刻度
linewidth	绘图线宽
linestyle	绘图线型。' - ': 实线; ' - - ': 破折线; ' - .': 点画线; ': ': 虚线
marker	标记风格。'.': 点; ',': 像素（极小点）; 'o': 实心圈; 'v': 倒三角; '^': 上三角; '>': 右三角; '<': 左三角; '1': 下花三角; '2': 上花三角; '3': 左花三角; '4': 右花三角; 's': 实心方形; 'p': 实心五角; '*': 星形; 'h'/'H': 竖/横六边形; '|': 垂直线; '+': 十字; 'x': x; 'D': 菱形; 'd': 瘦菱形
xlim、ylim	x 轴、y 轴的范围，二元组表示最小值和最大值
ax	axes 对象

为例 4-1 中的 data.plot()增加相关参数，则可以绘制如图 4-3 所示的图形。

```
data.plot(title=' GDP of 2010-2020',LineWidth=2, marker='o', linestyle=
          'dashed',color='r', grid=True,alpha=0.9,use_index=True,
          yticks=[30,40,50,60,70,80,90,100,110])
```

4.1.3 Matplotlib 精细绘图

pandas 绘图简单直接，可以完成基本的标准图形绘制，但如果需要更细致地控制图表样式，如添加标注、在一幅图中包含多幅子图等，必须使用 Matplotlib 提供的基础函数。

1. 绘图

使用 Matplotlib 绘图需要 4 个步骤。

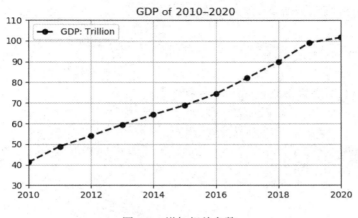

图 4-3　增加相关参数

（1）导入 Matplotlib。导入绘图工具包 Matplotlib 的 pyplot 模块。

（2）创建 figure 对象。Matplotlib 的图像都位于 figure 对象内。

（3）绘图。利用 pyplot 模块的绘图命令或 pandas 绘图命令，其中 plot()是主要的绘图函数，可实现基本绘图。

（4）设置图元。使用 pyplot 模块的图元设置函数，实现图形精细控制。

例如，使用 Matplotlib 绘制如图 4-3 所示图形的程序代码如下。

```
import matplotlib.pyplot as plt                      #导入绘图库
plt.figure()                                         #创建绘图对象
#准备绘图的序列数据
GDPdata=[41.3,48.9,54.0,59.5,64.4,68.9,74.4,82.1,90.0,98.7,101.6]
plt.plot(GDPdata,color="red",linewidth=2,linestyle='dashed',marker=
        'o',label='GDP')                             #绘图
#精细设置图元
plt.title('2010~2020 GDP: Trillion')
plt.xlim(0,10)                                       #x 轴绘图范围
plt.ylim(35,105)                                     #y 轴绘图范围
plt.xticks(range(0,10),('2010','2011','2012','2013','2014','2015',
        '2016','2017','2018','2019','2020'))         #将 x 轴刻度映射为字符串
plt.legend(loc='lower right')                        #在右上角显示图例说明
plt.grid()                                           #显示网格线
plt.show()                                           #显示并关闭绘图
```

注意，后续实例中都需要先导入 matplotlib.pyplot 库，图形绘制完成后再通过 plt.show() 显示图形，并关闭此次绘图。

2. 多子图

figure 对象可以绘制多个子图，以便从不同角度观察数据。首先在 figure 对象创建子图对象 axes，然后在子图上绘制图形，绘图使用 pyplot 模块或 axes 对象提供的各种绘图命令，

也可使用 pandas 绘图。创建子图的函数如下。

```
figure.add_subplot(numRows, numCols, plotNum)
```

参数说明：

numRows：绘图区域被分成 numRows 行。

numCols：绘图区域被分成 numCols 列。

plotNum：创建的 axes 对象所在的区域。

【例 4-2】 使用多个子图绘制 2010—2020 年我国的 GDP 状况，效果如图 4-4 所示。

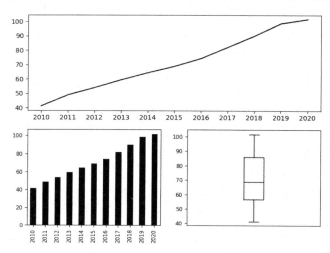

图 4-4　2010—2020 年我国的 GDP（单位：万亿元）状况

```
from pandas import Series
data=Series([41.3,48.9,54.0,59.5,64.4,68.9,74.4,82.1,90.0,98.7,101.6],
            index=['2010','2011','2012','2013','2014','2015','2016',
            '2017','2018','2019','2020'])
fig=plt.figure(figsize=(6,6))        #figsize 定义图形大小
ax1=fig.add_subplot(2,1,1)           #创建子图 1
ax1.plot(data)                       #用 AxesSubplot 绘制折线图
ax2=fig.add_subplot(2,2,3)           #创建子图 2
#用 pandas 绘制柱状图
data.plot(kind='bar',use_index=True,fontsize='small',ax=ax2)
ax3=fig.add_subplot(2,2,4)    #创建子图 3
#用 pandas 绘制箱形图
data.plot(kind='box',fontsize='small',xticks=[],ax=ax3)
```

3. 设置图元属性和说明

Matplotlib 提供了对图形中各种图元信息增加和设置的功能，常用图元设置函数如表 4-2 所示。具体参数参见官方文档资料。

表 4-2　Matplotlib 常用图元设置函数

函　　　数	说　　　明
plt.title	设置图标题
plt.xlabel、plt.ylabel	设置横轴、纵轴的标题
plt.xlim、plt.ylim	设置横轴、纵轴的刻度范围
plt.xticks、plt.yticks	设置横轴、纵轴的刻度值
plt.legend	添加图例说明
plt.grid	显示网格线
plt.text	添加文字说明
plt.annotate	添加注解

【例 4-3】　为图 4-2 增加注解、文字说明和坐标轴标题。

使用 pandas 绘图，然后再使用 pyplot 的函数添加图元。

```
data.plot(title='2010—2020 年 GDP',LineWidth=2, marker='o', linestyle=
        'dashed',color='r',grid=True,alpha=0.9)
plt.rcParams['font.sans-serif'] = ['SimHei']        #在图中使用黑体显示文本
#xy 箭头位置，xytext 文字起始位置，值为（横轴坐标序号，纵轴坐标数值）
plt.annotate('拐点',xy=(9,98.3),xytext=(7,96),
            arrowprops=dict(arrowstyle='->'),fontsize=16)
plt.text(1.5,84,'GDP 持续增长突破 100 万亿元!',fontsize=16)
plt.xlabel('年',fontsize=12)
plt.ylabel('GDP：万亿元',fontsize=12)
```

绘图结果如图 4-5 所示。代码在图 4-5 中 2019 年数据点处添加了一个带箭头的注解"拐点"，并添加了文字说明和坐标轴标题。

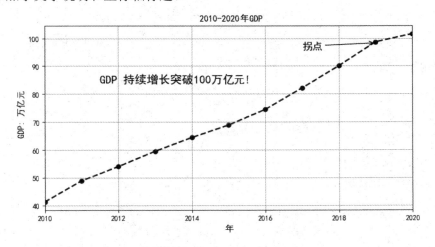

图 4-5　添加注解、文字说明和坐标轴标题

4. 保存图形到文件中

可以将创建的图形保存到文件中，其函数格式如下。

```
figure.savefig(filename,dpi,bbox_inches)
plt.savefig(filename,dpi,bbox_inches)
```

参数说明：

filename：文件路径及文件名，文件类型可以是 jpg、png、pdf、svg、ps 等。

dpi：图片分辨率，每英寸点数，默认值为 100。

bbox_inches：图形需保存的部分，设置为 tight 可以裁剪掉当前图形周围的空白部分。

在例 4-3 中增加以下代码，将图形保存为 jpg 文件到当前目录中。

```
plt.savefig('2010-2020GDP.jpg',dpi=400,bbox_inches='tight')
```

调用 plt.show() 后，图形将被删除，因此 savefig() 必须在 show() 前使用方能保存当前图形。

思考与练习

1. 叙述 pandas 和 Matplotlib 绘图工具之间的关系。如何在绘图中综合使用两种工具的绘图函数，达到既快速绘图又可精细化设置图元的目标。

2. 2012—2020 年我国人均可支配收入（单位：万元）为[1.47, 1.62, 1.78, 1.94, 2.38, 2.60, 2.82, 3.07, 3.21]。按照要求绘制以下图形。

（1）模仿例 4-1 和例 4-3，绘制人均可支配收入折线图（效果如图 4-6 所示）。数据点用小矩形标记、黑色虚线，并用注解标出最高点，图标题为"Income"，设置坐标轴标题，最后将图形保存为 jpg 文件。

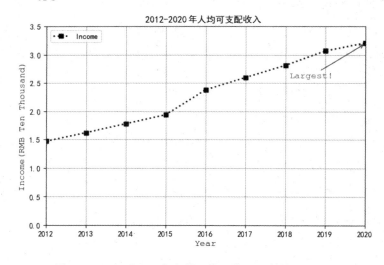

图 4-6　2012—2020 年人均可支配收入（单位：万元）

（2）模仿例 4-2，使用多个子图分别绘制人均可支配收入的折线图、箱形图及柱状图

（效果如图 4-7 所示）。

【提示】

（1）本实验准备数据时可以使用 Series 对象或 DataFrame 对象。

（2）创建的 3 个子图分别使用(2,2,1)、(2,2,2)和(2,1,2)作为参数。

（3）使用 plt.subplots_adjust()调整子图间距离，以便添加图标题。

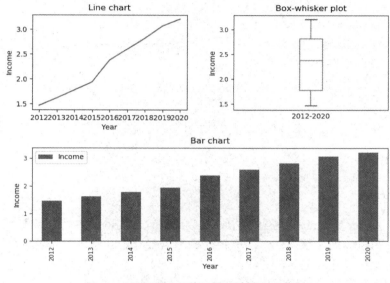

图 4-7　多子图展示各年度人均可支配收入

4.2　可视化数据探索

4.2.1　绘制常用图形

数据探索中常用的图形有曲线图、散点图、柱状图等，每种图形的特点及适应性各不相同。本节绘制实现以 pandas 绘图函数为主，辅以 Matplotlib 的一些函数。

1.　函数绘图

函数 $y = f(x)$ 描述了变量 y 随自变量 x 的变化过程。通过函数绘图可以直观地观察两个变量之间的关系，也可以为线性或逻辑回归等模型提供结果展示。绘制 plt.plot()根据给定的 x 坐标值数组，以及对应的 y 坐标值数组绘图。x 的采样值越多，绘制的曲线越精确。

【例 4-4】　绘制 $y = \sin(x)$ 和 $y = e^{-x}$ 的函数图。

在 $0 \sim 2\pi$ 间采集 50 个样本生成 x 列表，绘图结果如图 4-8 所示。

```
import numpy as np              #导入 numpy
#生成 x 数组
x = np.linspace(0,6.28,50)       #start, end, num-points
```

```
y=np.sin(x)                    #计算 y=sin(x)数组
plt.plot(x,y, color='r')       #用红色绘图 y=sin(x)
plt.plot(x,np.exp(-x),c='b')   #用蓝色绘图 y=exp(-x)
```

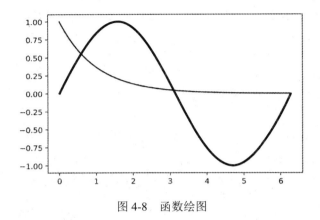

图 4-8　函数绘图

2. 散点图

散点图（Scatter Diagram）描述两个一维数据序列之间的关系，可以表示两个指标的相关关系。它将两组数据分别作为点的横轴坐标和纵轴坐标。通过散点图可以分析两个数据序列之间是否具有线性关系，辅助线性或逻辑回归算法建立合理的预测模型。

pandas 散点图绘制函数可以采用以下任意一种形式。

```
DataFrame.plot(kind='scatter',x,y,title, grid,xlim,ylim,label,…)
DataFrame.plot.scatter(x,y,title, grid,xlim,ylim,label,…)
```

参数说明：

　　x：DataFrame 中横轴对应的数据列名。

　　y：DataFrame 中纵轴对应的数据列名。

　　label：图例标签。

Matplotlib 的 scatter()也可以绘制散点图，其形式如下，这时各种图元的设置需要采用独立的语句实现。

```
plt.scatter(x,y,…)
```

参数说明：

　　x：横轴对应的数据列表或一维数组。

　　y：纵轴对应的数据列表或一维数组。

【例 4-5】　绘制散点图观察案例 3-1 学生身高和体重之间的关系。

从案例 3-1 学生问卷调查反馈文件 students.csv 中读取数据绘制散点图，结果如图 4-9 所示。

```
stData = pd.read_csv('data\students.csv')        #读文件
```

```
stData.plot(kind='scatter',x='Height',y='Weight',
            title='Students Body Shape', marker='*',grid=True,
            xlim=[150,200], ylim=[40,80],
            label='(Height,Weight)')        #绘图
```

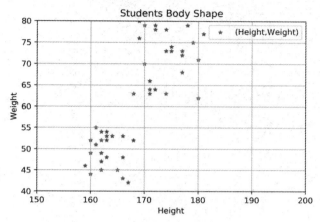

图 4-9　学生身高和体重的关系散点图

　　图 4-9 表明学生的身高和体重具有正相关性，身高越高，体重越重，线性关系不显著。
　　散点图能够有效地表示数据的分组和簇，绘制时为每组数据设置不同的颜色或标记，即可在一幅图中清晰地展示数据的聚集特点，为聚类分析提供帮助。在例 4-5 中将数据按性别分组，分别绘制散点图，结果如图 4-10 所示。

```
#将数据按男生和女生分组
dataMale = stData[stData['Gender'] == 0]        #筛选出男生
dataFemale = stData[stData['Gender'] == 1]        #筛选出女生
#分组绘制男生、女生的散点图
plt.figure()
plt.scatter(dataMale['Height'], dataMale['Weight'],c='r',
            marker='s',label='Male')
plt.scatter(dataFemale['Height'], dataFemale['Weight'],c='b',
            marker='^',label='Female')
plt.xlim(150,200)                    #x 轴范围
plt.ylim(40,80)                      #y 轴范围
plt.title('Students Body Shape')     #标题
plt.xlabel('Height')                 #x 轴标题
plt.ylabel('Weight')                 #y 轴标题
plt.grid()                           #网格线
plt.legend(loc='upper right')        #图例显示位置
```

　　男生、女生的身高和体重在二维空间聚为两簇，差异非常显著。
　　在数据探索时，可能需要同时观察多组数据之间的关系，可以绘制散点图矩阵。pandas 提供了 scatter_matrix()实现此功能，其形式如下。

```
pd.plotting.scatter_matrix(data,diagonal,…)
```

参数说明：

　　data：包含多列数据的 DataFrame 对象。

　　diagonal：主对角线上的图形类型。通常放置该列数据的密度图或直方图。

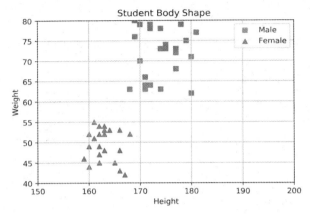

图 4-10　男生、女生身高和体重关系的散点图

【例 4-6】　绘制散点图矩阵观察案例 3-1 学生各多项信息（身高、体重、年龄、成绩）之间的关系，绘制结果如图 4-11 所示。

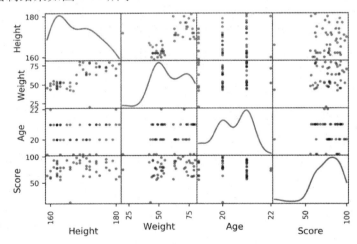

图 4-11　学生多项信息关系分析的散点图矩阵

```
data = stData[['Height', 'Weight','Age','Score']]          #准备数据
pd.plotting.scatter_matrix(data,diagonal='kde',color='k')  #绘图
```

3. 柱状图

　　柱状图（Bar Chart）用多个柱体描述单个总体处于不同状态的数量，并按状态序列的顺序排列，柱体高度或长度与该状态下的数量成正比。

　　柱状图易于展示数据的大小和比较数据之间的差别，还能用来表示均值和方差估计。

按照排列方式的不同，可分为垂直柱状图和水平柱状图。按照表达总体的个数可分为单式柱状图和复式柱状图。把多个总体同一状态的直条叠加在一起称为堆叠柱状图。

pandas 使用 plot() 绘制柱状图，其格式如下。

```
Series.plot(kind,xerr,yerr,stacked,…)
DataFrame.plot(kind,xerr,yerr,stacked,…)
```

参数说明：

　　kind：'bar' 为垂直柱状图，'barh' 为水平柱状图。

　　xerr,yerr：横轴、纵轴的轴向误差线。

　　stacked：是否为堆叠图，默认为 False。

　　rot：刻度标签旋转度数，值为 0～360。

Series 对象和 DataFrame 对象的索引会自动作为 x 轴或 y 轴的刻度。

【例 4-7】　从 population.csv 文件中读取数据，绘制各性别的出生人口数量比较图。文件中包含我国 2010—2016 年出生的人口数量及性别数据，格式如表 4-3 所示，其中，Total、Boys 和 Girls 的单位为万人。

表 4-3　population.csv 文件数据格式

Year	Total	Boys	Girls	Ratio
年度	出生人口总数	男孩数	女孩数	男女比例

采用柱状图比较不同性别在各年度出生的人口数量及平均值。下面分别绘制垂直和水平柱状图（见图 4-12）比较人口数量平均值（单位：万人），绘制复式柱状图（见图 4-13）和堆叠柱状图（见图 4-14）比较各年度出生人口数量（单位：万人）。

```
#读取数据
data = pd.read_csv('data\population.csv', index_col ='Year')
birth = data[['Boys','Girls']]
mean = np.mean(birth,axis=0)          #计算均值
std = np.std(birth,axis=0)            #计算标准差
#创建图
fig = plt.figure(figsize = (6,2))     #设置图片大小
plt.subplots_adjust(wspace = 0.6)     #设置两个图之间的纵向间隔
#绘制均值的垂直和水平柱状图，标准差使用误差线来表示
ax1 = fig.add_subplot(1, 2, 1)
mean.plot(kind='bar',yerr=std,color='cadetblue',title = 'Average of
        Births', rot=45,ax=ax1)
ax2 = fig.add_subplot(1, 2, 2)
mean.plot(kind='barh',xerr=std,color='cadetblue',title = 'Average of
        Births',ax=ax2)
#绘制复式柱状图和堆叠柱状图
birth.plot(kind='bar',title = 'Births of Boys & Girls')
birth.plot(kind='bar', stacked=True,title = 'Births of Boys & Girls')
```

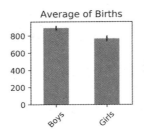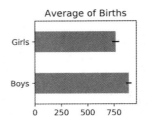

图 4-12   2012—2016 年出生的男女人口数量平均值

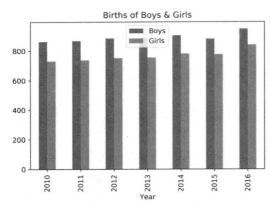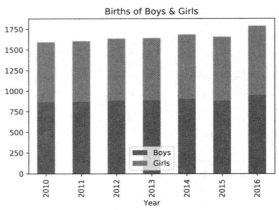

图 4-13   各年度出生人口数量复式柱状图　　　图 4-14   各年度出生人口数量堆叠柱状图

4. 折线图

折线图用线条描述事物的发展变化及趋势。横、纵坐标轴上都使用算术刻度的折线图称为普通折线图，可反映事物的变化趋势。一个坐标轴使用算术刻度、另一个坐标轴使用对数刻度的折线图称为半对数折线图，可反映事物的变化速度。

当要比较的两种或多种事物的数据值域相差较大时，用半对数折线图可确切地反映出指标"相对增长量"的变化关系。例如，GDP 和人均可支配收入有一定的相关性，但两者不在一个数量级，GDP 在几十万亿元间变化，人均可支配收入在几万元间变化，两者的"绝对增长量"相差较远，"相对增长量"却各自保持相对稳定的范围，用半对数折线图可以直观看出变化速度。

折线图绘制方法已在例 4-1 中说明，绘制半对数折线图需要在 plot()中设置参数 logx 或 logy 为 True。

【例 4-8】 从 GDP.csv 文件中读取数据，绘制我国 GDP（单位：万亿元）和人均可支配收入 Income（单位：万元）的折线图与半对数折线图，绘制效果如图 4-15 所示。

```
data = pd.read_csv('data\GDP.csv', index_col = 'Year')    #读取数据
#绘制 GDP 和 Income 的折线图
data.plot(title='GDP & Income',LineWidth=2,marker='o',
        linestyle='dashed', grid=True,use_index=True)
#绘制 GDP 和 Income 的半对数折线图
```

```
data.plot(logy=True,LineWidth=2,marker='o',linestyle='dashed',
            color='G')
```

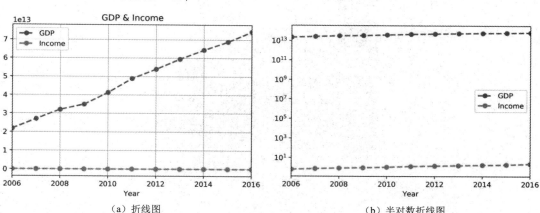

（a）折线图　　　　　　　　　　　　　　（b）半对数折线图

图 4-15　GDP 和 Income 比较的折线图

　　图 4-15（a）是 GDP 和 Income 比较的折线图，可以看出 GDP 增长趋势，但 Income 值太小，在相同刻度下无法反映其变化。使用图 4-15（b）所示的半对数折线图，可以看出人均可支配收入随 GDP 增长，其增长速度超过了 GDP 的增长速度。

5. 直方图

　　直方图（Histogram）用于描述总体的频数分布情况。它将横轴坐标按区间个数等分，每个区间上长方形的高度表示该区间样本的频率，面积表示频数。直方图的外观与柱状图相似，但表达含义不同。柱状图的横轴坐标点通常为离散值，一个柱体高度表示横轴坐标某点对应的数据值，柱体间有分隔；直方图的横轴坐标为连续值，一个柱体表示一个区间对应的样本个数，柱体间无分隔。

　　pandas 使用 plot()绘制直方图，其格式如下。

```
Series.plot(kind='hist',bins,density,…)
```

参数说明：

　　　　bins：横轴坐标区间个数。

　　　　density：是否标准化直方图，默认值为 False。

【例 4-9】　从 student.csv 文件中读取学生信息，绘制身高分布直方图。

　　将身高值 155～185cm 划分为 6 个区间，绘制结果如图 4-16 所示，可以观察各身高段学生的数量。

```
stData = pd.read_csv('data\students.csv')   #读文件
stData['Height'].plot(kind='hist',bins=6,
                title='Students Height Distribution')   #绘图
```

　　在直方图中，分箱的数量与数据集大小和分布本身相关，通过改变分箱 bins 的数量，可以改变分布的离散化程度。

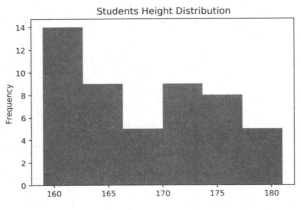

图 4-16　学生身高分布直方图

6. 密度图

密度图（Kernel Density Estimate）基于样本数据，采用平滑的峰值函数（称为"核"）来拟合概率密度函数，对真实的概率分布曲线进行模拟。有多种核函数，默认采用高斯核函数。

密度图经常和直方图画在一起，这时直方图需要标准化，以便与估计的概率密度进行对比。

pandas 使用 plot()绘制概率密度函数曲线，其格式如下。

```
Series.plot(kind='kde',style,…)
```

参数说明：

　　style：风格字符串，包括颜色和线型，如'k--'、'r-'。

在例 4-9 的基础上，增加密度图的绘制，结果如图 4-17 所示。

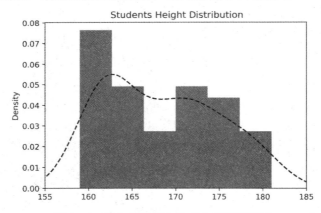

图 4-17　学生身高分布的直方图和密度图

```
stData[':Height'].plot(kind='hist',bins=6,density=True,
        title='Students Height Distribution')  #绘制直方图
stData['Height'].plot(kind='kde',title='Students Height Distribution',
        xlim=[155,185],style = 'k--')   #绘制密度图
```

7. 饼图

饼图（Pie Chart）又称扇形图，描述总体的样本值构成比。它以一个圆的面积表示总体，以各扇形面积表示一类样本占总体的百分数。饼图可以清楚地反映出部分与部分、部分与整体之间的数量关系。

pandas 使用 plot() 绘制饼图，其格式如下。

```
Series.plot(kind='pie',explode,shadow,startangle,autopct,…)
```

参数说明：

explode：列表，表示各扇形块离开中心的距离。

shadow：扇形块是否有阴影，默认值为 False。

startangle：起始绘制角度，默认从横轴正方向逆时针开始。

autopct：百分比格式，可用 format 字符串或 format function，其中'%1.1f%%'指小数点前后各 1 位（不足时空格补齐）。

【例 4-10】 从 advertising.csv 文件中读取营销数据，绘制各类广告投入占比的饼图。

数据集 advertising.csv 中存放着每次营销时各类广告投入（单位：万元）和对应的销量（单位：万个），数据样例如表 4-4 所示。

表 4-4 advertising.csv 数据样例

	TV	Weibo	WeChat	Sales
1	230.1	37.8	69.2	22.1
2	44.5	39.3	45.1	10.4
3	17.2	45.9	69.3	9.3

计算各类广告投入，绘制饼图表示各类广告投入占比，结果如图 4-18 所示。

```
#准备数据，计算各类广告投入占比
data = pd.read_csv('data\advertising.csv')
pieData = data[['TV','Weibo','WeChat']]
sumData = pieData.sum() #绘制饼图
sumData.plot(kind='pie', figsize=(6,6),
            title='Advertising Expenditure',fontsize=14,
            explode=[0,0.2,0],shadow=True,
            startangle= 60, autopct='%1.1f%%')
```

8. 箱形图

箱形图（Box Plot）又称盒式图，适于表达数据的分位数分布，可帮助找到异常值。它将样本居中的 50%值域用一个长方形表示，较小和较大的四分之一值域各用一根线表示，异常值用"o"表示。

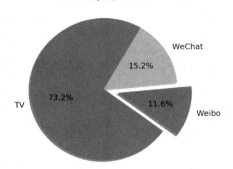

图 4-18 各类广告投入占比饼图

pandas 可以使用 plot() 绘制箱形图，其格式如下。

```
Series.plot(kind='box', …)
```

【例 4-11】 从 advertising.csv 文件中读取营销数据，绘制各类广告投入的箱形图。绘制结果如图 4-19 所示，图中对 "WeChat" 图形进行了标注。

```
data = pd.read_csv('data\advertising.csv')
advData = data[['TV','Weibo','WeChat']]
#绘制各类经费投入的箱形图
advData.plot(kind='box',figsize=(6,6),title='Advertising Expenditure')
```

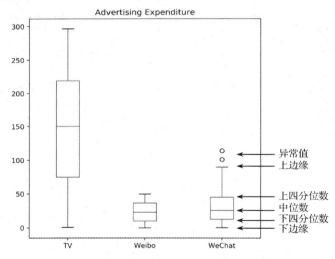

图 4-19 各类广告投入的箱形图

观察箱形图，可以快速确定一个样本是否有利于进行分组判别，再配合直方图和密度图就可以更完整地观察数据的分布情况。

pandas 也提供了专门绘制箱形图的函数 boxplot()，方便将观察样本按照其他特征进行分组对比，其格式如下。

```
DataFrame.boxplot( by, …)
```

参数说明：

　　by：用于分组的列名。

【例 4-12】 从 students.csv 中读取学生数据，按性别绘制学生成绩的箱形图。
调用 boxplot() 的 DataFrame 对象需要包括分组列 "Gender"，效果如图 4-20 所示。

```
stData = pd.read_csv('data\students.csv')
gendaData = stData[['Gender','Score']]
gendaData.boxplot(by='Gender',figsize=(6,6),
                  title='Boxplot grouped by Gender')
```

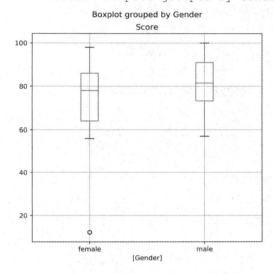

图 4-20　按性别分组的学生成绩箱形图

4.2.2　使用 pyecharts 绘制交互数据图

Echarts 是一款基于 JavaScript 的数据可视化工具库，提供了商业产品常用图表，支持任意维度的堆积、多图表混合及交互式数据挖掘和展示。Echarts 最初由百度团队开源，于 2018 年捐赠给 Apache 基金会，2021 年 1 月正式成为 Apache 顶级项目。Echarts 凭借着良好的交互性，精巧的图表设计，得到了众多开发者的认可。

pyecharts 是一个用于生成 Echarts 图表的 Python 类库，用户使用 Python 语言就可以方便地开发生成类似于 Echarts 的交互式图表，保存为独立的网页，在 Jupyter Notebook、Flask 或 Django 等基于 Python 的 Web 应用开发框架中集成使用。

pyecharts 底层创建了坐标系、图例、提示、工具箱等基础组件，并在此上构建出折线图、柱状图、散点图、K 线图、饼图、雷达图、地图、和弦图、力导向布局图、仪表盘以及漏斗图。本节通过实例简单介绍 pyecharts 使用方式，更多方法请参考 pyecharts 官方网站。

1. pyecharts 绘图基本方法

由于 Anaconda 3 中不包含 pyecharts，需要进行下载，安装时可以指定版本，

安装说明

本节实例是在 pyecharts 1.7.1 以上中版本中实现的，注意，pyecharts 1.x 版本与 pyecharts 0.x 版本的差别较大，参考实例时需要识别版本。

```
>>> pip install pyecharts = 1.7.1
```

使用 pyecharts 的基本步骤如下。

（1）导入绘图使用的基础组件和图形类型。

（2）准备数据，pyechats 组件只能直接使用 Python 基础的数据类型。使用 pandas 从文件中读入的数据，需要转换为 List、dict 等类型后再为图形元素赋值。

（3）初始化绘制图形样式，添加展示数据，设置元素样式。

（4）绘图并生成 HTML 文件，或者用 Jupyter Notebook 展示结果。

【例 4-13】 绘制直辖市 GDP 交互式柱状图。

中国省市 GDP 数据文件 ProvinceGDP.xlsx，其中，GDP-4 表记录了 4 个直辖市 2010—2019 年的 GDP（单位：亿元），其数据格式如表 4-5 所示。

表 4-5　ProvinceGDP.xlsx 文件中 GDP-4 表的数据格式

地　　区	2019 年	2018 年	2017 年	2016 年	⋯
北京市	35371.3	33106	28014.9	25669.1	⋯

本数据文件包含中文字符，如需修改，应使用 Windows 的"记事本"程序打开文件，设定"编码格式"为 UTF-8 并保存。另外，需检查是否有非法格式、是否成功添加了逗号分隔符等情况。

下面通过程序代码，说明绘制 pyechart 图形的具体步骤。结果生成 HTML 文件，效果如图 4-21 所示，可在浏览器中交互式查看，移动指针到柱子上可显示各个柱子对应的 GDP，单击城市名标签，可选择显示或不显示该城市的 GDP，完成程序如下。

```python
#数据准备
import pandas as pd
from pandas import Series, DataFrame
proGDP = pd.read_excel('data\ProvinceGDP.xlsx','GDP-4',index_col=0)
#将 DataFrame 类型数据转换为 Python 的数据结构 List
year = proGDP.columns.tolist()
vGDP = proGDP.values.tolist()

#引入pyecharts绘图相关库
from pyecharts.charts import Bar    #柱状图
from pyecharts.globals import ThemeType  #基础库，主题配色
import pyecharts.options as opts    #基础库，选项

#定义绘制的图形
gdpBar = (
    #柱状图初始化
    Bar({"theme": ThemeType.MACARONS})
```

```
#设置横轴坐标值
.add_xaxis(year)
#设置每个纵轴的标签、数值，以及是否显示值
.add_yaxis("北京", vGDP[0],
           label_opts=opts.LabelOpts(is_show=False))
.add_yaxis("天津", vGDP[1],
           label_opts=opts.LabelOpts(is_show=False))
.add_yaxis("上海", vGDP[2],
           label_opts=opts.LabelOpts(is_show=False))
.add_yaxis("重庆", vGDP[3],
           label_opts=opts.LabelOpts(is_show=False))
#设置图元
.set_global_opts(
    title_opts={"text": "2010-2019 年直辖市 GDP",
                "subtext": "GDP：亿元"} )
)


#绘制图形，保存为 HTML 文件
gdpBar.render("2010-2019 年直辖市 GDP.html")
```

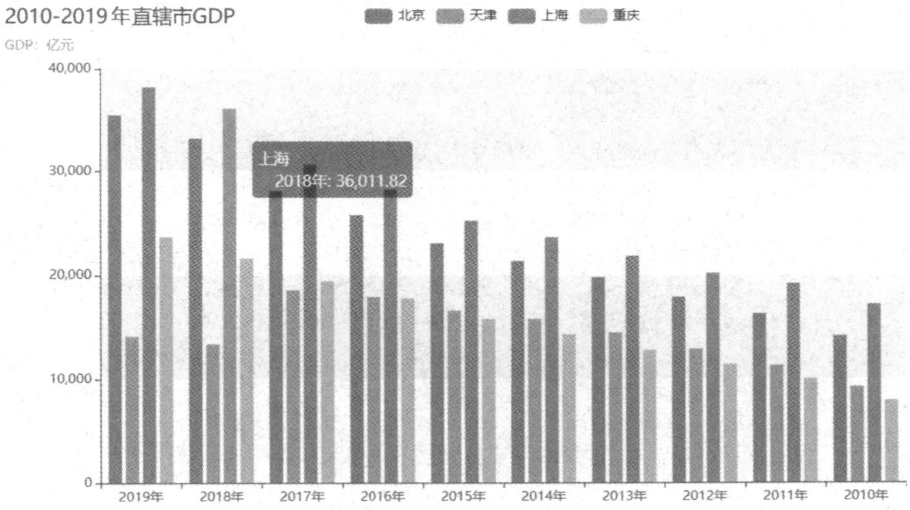

图 4-21　直辖市 GDP 交互式柱状图

2. 使用 pyecharts 绘制地图

pyecharts 绘制地图时需要安装对应地图的数据包，主要的数据包如下。

（1）全球国家地图：echarts-countries-pypkg；

（2）中国省级地图：echarts-china-provinces-pypkg；

（3）中国市级地图：echarts-china-cities-pypkg；

（4）中国县区级地图：echarts-china-counties-pypkg；

（5）中国区域地图：echarts-china-misc-pypkg。

用户可以根据需要展示的地理位置级别，选择安装地图包。

【例 4-14】 绘制地图，展示上海浦东机场至其他城市的航班线路及航班数。

在地图上显示上海及通航的城市（部分）线路及航班数。结果生成 HTML 文件，在浏览器中查看动态航班线路，移动指针到某城市上，将显示上海到该城市的航班数，其完整代码如下。

```python
from pyecharts import options as opts
from pyecharts.charts import Geo
from pyecharts.globals import ChartType, SymbolType

#定义节点对应展示的数据，这里表示机场的航班数
lineFreq = [("上海", 723),("广州", 43), ("北京", 128),
            ("乌鲁木齐", 12), ("重庆", 42)]

lineState = (
    Geo()
    .add_schema(maptype="china")   #基本地图范围
    #添加显示城市序列(坐标点，值)，显示颜色
    .add(
        "", lineFreq, type_=ChartType.EFFECT_SCATTER,
        color="#7EC0EE",
    )
    #添加箭头线序列(坐标点，坐标点)，定义显示颜色和大小、角度
    .add("",[("上海", "广州" ), ("上海", "北京"), ("上海", "乌鲁木齐"),
        ("上海", "重庆")],type_=ChartType.LINES,
        effect_opts=opts.EffectOpts(
        symbol=SymbolType.ARROW, symbol_size=6, color="blue"),
        linestyle_opts=opts.LineStyleOpts(curve=0.2),
    )
    .set_series_opts(label_opts=opts.LabelOpts(is_show=False))
    .set_global_opts(title_opts=opts.TitleOpts(title=
                "上海浦东机场至各地航班线路图"))
)

#绘制图形，保存为 HTML 文件
lineState.render("geo_lines.html")
```

思考与练习

1. 叙述各类图形的特点、适合展示的数据特性，以及在数据探索阶段的用途。

2. 文件 high-speedrail.csv 中存放着世界各国高铁的情况，数据格式如表 4-6 所示，请对世界各国高铁的数据进行绘图分析。

表 4-6 high-speedrail.csv 文件的数据格式

Country	Operation	Under-construction	Planning
国家	运营里程（千米）	在建里程（千米）	计划里程（千米）

（1）各国运营里程对比柱状图，标注 China 为 "Longest"，如图 4-22 所示。

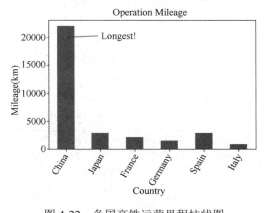

图 4-22 各国高铁运营里程柱状图

（2）各国运营里程现状和发展堆叠柱状图，如图 4-23 所示。

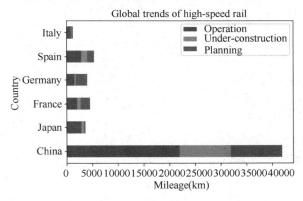

图 4-23 各国高铁发展情况堆叠图

（3）各国运营里程占比饼图，其中 China 为扇形离开中心点，如图 4-24 所示。

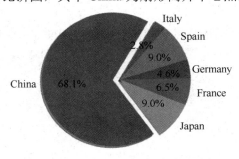

图 4-24 各国高铁运营里程分布饼图

（4）绘制现有里程的地图，用不同颜色表示数量由大到小。

【提示】

（1）从文件中读取数据时，使用第一列数据作为 index：

```
data = pd.read_csv('High-speed rail.csv', index_col ='Country')
```

例如，获取中国对应的数据行时，使用 data ['China'].

综合练习题

文件 bankpep.csv 存放着银行储户的基本信息，数据格式如表 4-7 所示。

表 4-7　bankpep.csv 数据文件的数据格式

id	age	sex	region	income	married	children	car	save_act	current_act	mortgage	pep
编号	年龄	性别	区域	收入	婚否	孩子数	有车否	存款账户	现金账户	是否抵押	接受新业务

通过绘图对这些客户数据进行可视化分析。

（1）客户年龄分布的直方图和密度图（见图 4-25）。

（2）客户年龄和收入关系的散点图（见图 4-26）。

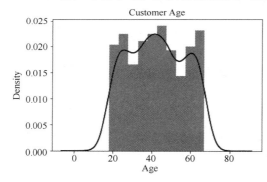

图 4-25　客户年龄分布

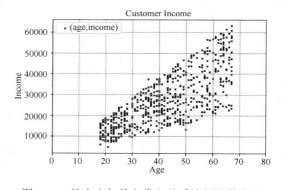

图 4-26　按客户年龄和收入关系绘制的散点图

（3）绘制散点图矩阵观察客户（年龄、收入、孩子数）之间的关系，主对角线上显示直方图（见图 4-27）。

（4）按区域展示客户平均收入的柱状图，并显示标准差（见图 4-28）。

（5）多子图绘制：按客户的性别、有车客户的性别和孩子数占比绘制的饼图（见图 4-29）。

（6）按客户的性别、收入绘制的箱形图（见图 4-30）。

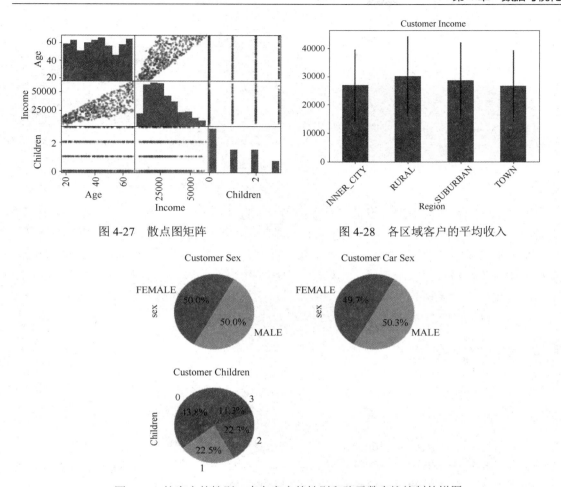

图 4-27　散点图矩阵　　　　　　图 4-28　各区域客户的平均收入

图 4-29　按客户的性别、有车客户的性别和孩子数占比绘制的饼图

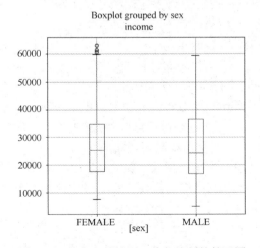

图 4-30　按客户的性别、收入绘制的箱形图

## 第5章

机器学习建模分析

数据探索阶段主要根据分析目标对数据集中各特征项进行统计分析，如需进一步发现数据项之间的隐含关联，则应建立分析目标与特征项之间的表示模型，以对未来进行预测。目前常用的建模途径是使用机器学习的算法，让计算机从数据中自主学习建立表示模型。本章主要介绍机器学习的基本概念、机器学习的常用算法及如何针对不同应用需求选择合适的算法实现数据建模和预测分析。近年来机器学习中重新兴起的神经网络及深度学习技术将在第 6 章中介绍。

5.1　机器学习概述

5.1.1　机器学习与人工智能

人工智能（Artificial Intelligence，AI）是研究计算机模拟人的某些思维过程和智能行为（如学习、推理、思考、规划等）的学科，主要包括计算机实现智能的原理、制造类似于人脑智能的计算机，使计算机能实现更高层次的应用。人工智能领域包括机器人、机器学习、计算机视觉、图像识别、自然语言处理和专家系统等，涉及计算机科学、数学、语言学、心理学和哲学等多个学科。

人工智能最初是在 1956 年 Dartmouth 学会上提出的，经过机器推理、专家系统、神经网络等多个发展阶段，今天人工智能逐渐进入大众视野，其应用遍布互联网、汽车、智能家居、机器人等各领域。人工智能正成为引领性的战略性技术和新一轮产业变革的核心驱动力。

机器学习（Machine Learning，ML）作为人工智能的分支，起源于 20 世纪 50 年代。美国的阿瑟·萨缪尔研制了一个西洋跳棋程序，并发明了"机器学习"这个词。这个程序在与人类棋手对弈的过程中，能不断地改善自己的棋艺。

机器学习研究计算机怎样模拟或实现人类的学习行为，以获取新的知识或技能，重新组织已有的知识结构并使之不断改善自身的性能。目前，机器学习已被广泛应用于数据挖掘、计算机视觉、自然语言处理、语音识别等人工智能研究领域，以及生物医药、金融等应用领域。

机器学习利用既有的经验，完成某种既定任务，并在此过程中不断改善自身性能。通常按照机器学习的任务，将其分为有监督学习（Supervised Learning）和无监督学习（Unsupervised Learning）两大类。

有监督学习是指利用经验（历史数据）学习表示事物的模型，关注如何利用模型预测未来数据，一般包括分类问题（Classification）和回归问题（Regression）。

（1）分类问题是对事物所属类型的判别，类型的数量是已知的。例如，根据鸟的身长、各部位羽毛的颜色、翅膀的大小等多种特征来确定其种类，根据邮件的发件人、收件人、标题、内容关键字、附件、时间等特征决定是否为垃圾邮件。

（2）回归问题的预测目标是连续变量。例如，根据父亲和母亲的身高预测孩子的身高，根据企业的各项财务指标预测其资产的收益率。

有监督学习的过程如图 5-1 所示。

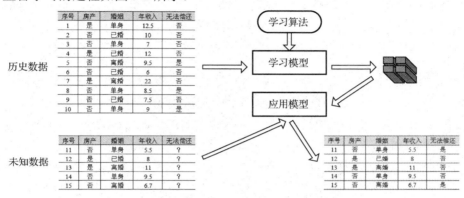

图 5-1　有监督学习的过程

无监督学习倾向于对事物本身特性的分析，常见问题包括数据降维（Dimensionality Reduction）和聚类（Clustering）。

（1）数据降维是对描述事物的特征数量进行压缩的方法。例如，描述学生时，记录了每个学生的性别、身高、体重、选修课程、技能、爱好、购物习惯等特征。面向具体的分析目标时，需选取与之相关的特征项建立分析模型，降低处理的复杂度，减少无关特征项的干扰。例如，在做学生职业生涯规划时，选取的特征项主要应包括性别、选修课程、技能、爱好等，而身高、体重和购物习惯等无关因素则无须考虑。

（2）聚类的目标也是将事物划分成不同的类别。与分类问题的不同之处是，它事先并不知道类别的数量，而是根据事物之间的相似性，将相似的事物归为一簇。例如，电子商务网站对客户群的划分，将具有类似背景与购买习惯的用户视为一类，以便有针对性地投放广告。

无监督学习的过程如图 5-2 所示。

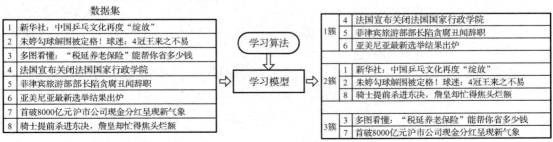

图 5-2　无监督学习的过程

在解决实际应用的复杂问题时，通常先结合领域经验，根据应用背景和分析目标，将其转换、分解为以上某类学习问题或多种问题的组合，然后再选用适合的学习算法训练问题表示模型，并对模型的表示能力进行评估。

本章后续内容将通过实例详细介绍分类、回归、聚类和数据降维的分析目标、常用算法及评价算法性能所采用的指标，并利用 Python 实现分析过程。

5.1.2 Python 机器学习方法库

Python 机器学习方法库有很多，大多数来自开源社区和论坛，也有公司开发后开源使用的。scikit-learn 是目前使用最广泛的开源方法库之一，它基于 NumPy、SciPy、pandas 和 Matplotlib 开发，封装了大量经典及最新的机器学习模型，是一个简单且高效的机器学习和数据挖掘工具。

scikit-learn 的基本功能分为分类、回归、聚类、数据降维、模型选择和数据预处理这 6 部分，每部分都包含了多种算法（详细说明参见 scikit-learn 官方网站）。scikit-learn 本身不支持深度学习，也不支持 GPU 加速。使用深度学习方法需要借助于 Tensorflow、Keras、Theano 等 Python 开源框架。

Anaconda 已集成了 scikit-learn 工具包，用户无须下载安装，直接在程序中导入所需的算法模块名即可。部分方法没有包含在 scikit-learn 中，在介绍时会专门说明。

5.2 回归分析

5.2.1 回归分析原理

回归分析是一种预测性的建模分析技术，它通过样本数据学习目标变量和自变量之间的因果关系，建立数学表示模型。基于新的自变量，此模型可预测相应的目标变量。

通常，事物的特征可用多个变量描述，例如，工厂产出 y 受各种投入要素（如资本 x_1、劳动力 x_2、技术 x_3 等）的影响；房屋销售价格 y 通常由房屋面积 x_1、房屋形状 x_2、房屋所在地段 x_3 和是否为学区房 x_4 等因素决定。回归问题将 y 称为目标变量，$\{x_1, x_2, \cdots, x_d\}$ 称为自变量，d 为自变量的维度。回归分析的目标就是利用历史数据找出它们之间的映射关系，然后预测未来投资可能带来的产出或估计其他房屋的价格等。

常用的回归方法有线性回归（Linear Regression）、逻辑回归（Logistic Regression）和多项式回归（Polynomial Regression）。本节通过实例介绍简单的线性回归方法及其实现。

案例 5-1：广告收益预测

某公司为了推销产品，在电视（TV）、微博（Weibo）、微信（WeChat）等多种渠道投放广告。目前，企业搜集了 200 条历史数据（也称样本）构成数据集，每条数据给出每个月 3 种渠道的广告投入（单位：万元），以及销量（单位：万个）。其中前 5 条数据如表 5-1 所示。

表 5-1　广告收益表

	电视（万元）	微博（万元）	微信（万元）	销量（万个）
1	230.1	37.8	69.2	22.1
2	44.5	39.3	45.1	10.4
3	17.2	45.9	69.3	9.3
4	151.5	41.3	58.5	18.5
5	180.8	10.8	58.4	12.9

考虑将销量 y 表示为电视 x_1、微博 x_2 和微信 x_3 等渠道广告投入的线性组合函数，这就是线性回归问题：

$$y = f(x), \quad f(x) = \omega_1 x_1 + \omega_2 x_2 + \cdots + \omega_d x_d + b$$

回归模型的学习是一个有监督学习的过程。基于给定的数据集，线性回归分析学习一个线性模型，即获得模型参数 $\{\omega_1, \omega_2, \cdots, \omega_d, b\}$（通常称 ω_i 为回归系数，其中，$i=1,2,\cdots,d$，b 为截距），使得模型在数据集上预测的误差最小。图 5-3 给出了一元线性回归模型（$y = \omega_1 x_1 + b$）的预测误差，其中圆圈表示训练样本，斜线表示回归函数，垂直线表示真实样本值与函数预测值的差。求解线性回归模型利用统计学的"最小二乘法"，使得线性模型预测所有的训练数据时误差平方和最小。

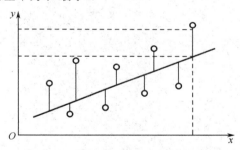

图 5-3　一元线性回归模型的预测误差

如果使用非线性组合函数，也就是多项式回归，通常模型的预测误差会更小，但增加了计算的复杂度。

5.2.2　回归分析实现

scikit-learn 使用 LinearRegression 类构建回归分析模型，相关函数格式如下。
模型初始化：

```
linreg = LinearRegression()
```

模型学习：

```
linreg.fit(X, y)
```

模型预测：

```
y = linreg.predict(X)
```

参数说明：

    X[n,m]：自变量二维数组，n 为样本数，m 为特征项个数，数值型。

    y[n]：目标变量一维数组，数值型。

【例 5-1】 使用案例 5-1 的广告收益历史数据，建立广告投入和销量的关系模型，并按照下个月的广告投入预测销量。

案例 5-1 的广告收益数据存放在 advertising.csv 文件中，使用记事本打开它，可以看到如图 5-4 所示的内容。第一行是列索引，包括序号、3 种渠道（电视、微博和微信）的广告投入和销量这 5 列数据。之后的每行代表一个样本。

图 5-4　advertising.csv 文件内容

（1）从文件中读取数据存放到 DataFrame 变量 data 中，输出前 5 条记录查看读取是否正确。"序号"列与销量没有关系，读取时作为行索引，不用于建模分析。

```
filename = 'data\advertising.csv'
data = pd.read_csv(filename, index_col = 0)
print(data.iloc[0:5, :].values)
```

（2）分析自变量与目标变量之间的相关程度，可以通过分别绘制销量与 3 个自变量之间的散点图来观察。代码用 pandas 提供的绘图函数绘制 TV 列和 Sales 列的散点图，并添加横轴坐标和纵轴坐标的标签。

```
#导入绘图库
import matplotlib.pyplot as plt
data.plot(kind='scatter',x='TV',y='Sales',
        title='Sales with Advertising on TV')
plt.xlabel("TV")
plt.ylabel("sales")
```

图 5-5 显示了各种渠道广告投入与销量之间的关系，可以大致看出电视广告投入、微博广告投入与销量有较明显的线性关系，微信广告投入与销量之间基本没有线性关系。

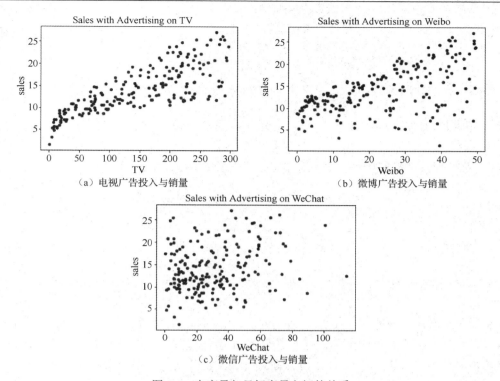

图 5-5　自变量与目标变量之间的关系

（3）建立 3 个自变量与目标变量的线性回归模型，并计算误差。

```
X = data.iloc[:,0:3] #data 中前 3 列为自变量 X
y = data.iloc[:,3] #data 中最后一列为目标变量 y
from sklearn.linear_model import LinearRegression
linreg = LinearRegression()  #初始化模型
linreg.fit(X, y)  #输入数据，学习模型
#输出线性回归模型的截距和回归系数
print (linreg.intercept_, linreg.coef_)
```

回归模型保存在变量 linreg 中，可以通过 linreg.intercept_和 linreg.coef_查看回归模型的截距和回归系数，根据这些参数得到的线性回归方程如下：

$$y = 0.046x_1 + 0.188x_2 - 0.001x_3 + 2.94$$

从回归方程可以看出，第 3 个自变量的回归系数很小，说明微信广告投入与销量关系不大，与前面可视化分析的结果一致。

（4）将回归模型保存到文件中，以便后续预测新数据时用于重新加载。

```
import joblib
joblib.dump(linreg, 'linreg.pkl')                        #将回归模型保存至文件中
#重新加载模型预测数据
import numpy as np
load_linreg = joblib.load('linreg.pkl')                  #从文件中读取模型
```

```
new_X = np.array([[130.1,87.8,69.2]])                #二维数组
print("6 月广告投入: ",new_X)
print("预期销售: ",load_linreg.predict(new_X) )      #使用模型进行预测
```

使用保存的回归模型，根据 6 月的广告投入，预计销量为 25.374 万个。

5.2.3　回归分析性能评估

1.　回归分析性能指标

从直观上分析，回归模型的预测误差越小越好，通常采用均方根误差（Root Mean Squared Error，RMSE）进行计算：

$$\delta = \sqrt{\sum_{i=1}^{n}(y_i - \hat{y}_i)^2}$$

式中，n 为样本的个数，y_i 为样本目标变量的真实值，$\hat{y}_i$ 为使用回归模型得到的目标变量预测值。

对同一个数据集来说，误差越小表示回归模型越好，但误差值小到什么程度才说明预测模型有效呢？由于数据集数值的量纲及样本数量会直接影响 RMSE 值的大小，因此不同的数据集很难用 RMSE 值来比较模型的性能。在统计学中，使用模型的决定系数 R^2 来衡量模型预测能力：

$$R^2 = \frac{\sum_{i=1}^{n}(\hat{y}_i - \overline{y}_i)^2}{\sum_{i=1}^{n}(y_i - \overline{y}_i)^2}$$

式中，$\overline{y}_i$ 表示 y_i 的均值。

R^2 的数值范围为 0～1，表示目标变量的预测值和真实值之间的相关程度，也可以理解为模型中目标变量的真实值有百分之多少能够用自变量来解释。R^2 值越大，表示预测效果越好，如果值为 1，则表示回归模型完美地拟合了实际数据。

2.　训练集与测试集

通常，将在原始数据集上学习获得的模型用于预测新数据时，性能会降低，因为模型的参数是按照尽可能地拟合已知数据优化得到的。如果未知数据具有与训练集中数据不一样的特性，会导致预测值与真实值产生较大的偏差。在训练集上得到的性能指标不能反映在未知数据上的真实预测性能。

有监督学习为了更准确地评价模型性能，通常将原始的数据集切分为两部分：训练集和测试集，如图 5-6 所示。在训练集上学习获得模型，然后用于测试集（视为未知数据）。在测试集上的性能指标将更好地反映模型应用于未知数据的效果。

scikit-learn 的 model_selection 类提供数据集的切分方法，metrics 类实现了 scikit-learn 包中各类机器学习算法的性能评估，其功能实现函数格式如下。

数据集切分：

```
X_train, X_test, y_train, y_test =
    model_selection.train_test_split(X, y, test_size, random_state)
```

参数说明：

test_size：0~1，测试集的比例。

random_state：随机数种子，1 表示每次得到相同的样本切分，否则每次切分不一样。

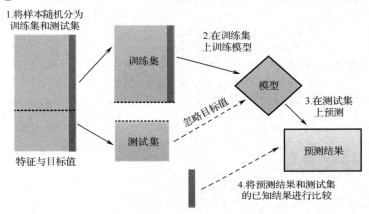

图 5-6　性能评估方法

RMSE 计算：

```
err = metrics.mean_squared_error(y, y_pred)
```

参数说明：

y：真实值。

y_pred：模型预测值。

决定系数 R^2 计算：

```
decision_score = linreg.score(X, y)
```

【例 5-2】　使用例 5-1 的数据集，切分为训练集和测试集进行回归模型学习及分析性能评估。

（1）将自变量数组和目标变量数组都切分为训练集和测试集。

```
from sklearn import cross_validation
X_train, X_test, y_train, y_test = model_selection.train_test_split(X,
        y, test_size=0.35, random_state=1)
```

（2）在训练集上学习回归模型 linregTr。

```
linregTr = LinearRegression()
linregTr.fit(X_train, y_train)
print(linregTr.intercept_, linregTr.coef_)
```

模型 linregTr 的回归方程如下：

$$y = 0.046x_1 + 0.180x_2 + 0.004x_3 + 2.93$$

（3）在测试集上应用模型，计算预测结果，以及 RMSE 和决定系数 R^2。

```
from sklearn import metrics
y_train_pred = linregTr.predict(X_train)
y_test_pred = linregTr.predict(X_test)
train_err = metrics.mean_squared_error(y_train, y_train_pred)
test_err = metrics.mean_squared_error(y_test, y_test_pred)
print( 'The mean squar error of train and test are: {:.2f},
    {:.2f}'.format(train_err, test_err) )
#在测试集上计算决定系数，评估性能
predict_score =linregTr.score(X_test,y_test)
print('The decision coeficient is: {:.2f} '.format(predict_score) )
```

linregTr 模型的性能评估结果如下。

```
The mean squar error of train and test are: 3.06, 2.32
The decision coeficient is: 0.91
```

决定系数达到 0.91，说明回归模型的拟合效果较好。

思考与练习

1. 延续 5.2.3 节的模型性能评估，计算使用全部数据学习得到的回归模型 linreg 在测试集上的性能，与只使用训练集的模型 linregTr 进行比较，并对结果进行分析。

2. 从例 5-2 训练集中分别任意取出 100 个、200 个样本，学习得到回归模型，在测试集上计算这些模型的性能，并进行分析和比较。

5.3 分类分析

5.3.1 分类学习原理

分类学习是最常见的监督学习问题之一，分类预测的结果可以是二分类问题，也可以是多分类问题。手机短信监控程序根据短信的特征，如发信号码、收信人范围、内容关键字等预测是否属于群发垃圾短信以便自动进行屏蔽，这是一个典型的二分类问题。停车场计费系统根据扫描的车牌图像，识别出车牌上的每个字母和数字以便自动进行记录。计算机判别车牌图像中切割出的每一小块图像对应的是 36 类（26 个大写字母+10 个数字）中的哪一类，这是一个多分类的问题。

案例 5-2：银行客户偿还贷款能力分析

某银行拥有客户的基本信息及是否能够偿还贷款的历史记录，如表 5-2 所示，希望建立模型，预测新客户是否具有偿还贷款的能力。

表 5-2　银行客户信息表

序号	房产 （是/否）	婚姻 （单身、已婚、离婚）	年收入 （单位：万元）	无法偿还 （是/否）
1	是	单身	12.5	否
2	否	已婚	10	否
3	否	单身	7	否
4	是	已婚	12	否
5	否	离婚	9.5	是
...	...	...	...	...

数据集中每条数据包括多个特征项（房产、婚姻和年收入），以及一个分类标签（无法偿还）。分类算法通过数据集自动学习分类模型（也称分类器），当新客户来贷款时，只要给出该客户的各项特征值，分类模型就可以预测此客户未来是否具有偿还贷款的能力。

在分类学习（也称训练）过程中，采用不同的学习算法可以得到不同的分类器，常用的分类算法有很多，如决策树（Decision Tree）、贝叶斯分类、KNN（K 近邻）、支持向量机（Support Vector Machine，SVM）、神经网络（Neural Network）和集成学习（Ensemble Learning）等。本节以决策树和 SVM 两种学习算法为例，介绍分类学习的基本思想和应用方法。

分类器的预测准确度通过性能评估来确定。将数据集上每个样本的特征值输入分类器，分类器可输出结果（也就是预测类别）。计算每个样本真实类对应的预测类，可得到混淆矩阵（Confusion Matrix），如表 5-3 所示。

表 5-3　混淆矩阵（二分类问题）

真实类 ＼ 预测类	Class = Yes	Class = No
Class = Yes（正例）	a	b
Class = No（反例）	c	d

基于混淆矩阵，准确率（Accuracy）计算所有数据中被正确预测的比例：

$$\text{Accuracy} = \frac{a+d}{a+b+c+d}$$

在实际问题中，人们更关心模型对某个特定类别的预测能力，如银行更关心无法偿还贷款的客户是否能被预测出来。使用精确率（Precision）、召回率（Recall）和 F1-measure 对分类器的性能进行评估更有效。

精确率是对精确性的度量，计算预测类为 Yes 的样本中，真实类是 Yes 的比例：

$$\text{Precision} = \frac{a}{a+c}$$

召回率是覆盖面的度量，计算真实类为 Yes 的样本中，被正确预测的比例：

$$Recall = \frac{a}{a+b}$$

F1 计算精确率和召回率的调和平均数：

$$F1 = \frac{2a}{2a+b+c}$$

通常，如果学习算法致力于提高分类模型的精确率，意味着得到的模型判别正例时将使用更严格的筛选条件，容易导致筛选出的正例减少，召回率降低。因此，F1 较高的模型具有更高的实用价值，常被用来衡量模型的优劣。不同的应用可能对精确率和召回率的关注度不同，可以按照实际需求选用衡量指标。

5.3.2 决策树

1. 决策树原理

决策树是常见的分类学习方法，它来源于人们在面临决策问题时一种自然的思考过程。例如，判断苹果好不好，先看颜色，青的肯定不好；颜色红的再看有没有虫眼，没有虫眼的就是好苹果。这个简单的决策过程就形成了树结构。

案例 5-2 的判别过程同样也可以通过决策树来实现，如图 5-7 所示。

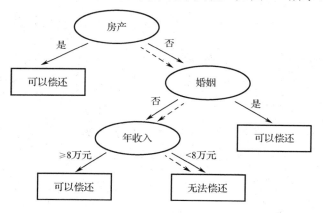

图 5-7　决策树分类示意

该决策树采用样本的特征项（房产、婚姻、年收入）作为节点，用特征项的取值作为分支。它包含一个根节点、若干中间节点和若干叶子节点。叶子节点对应于分类结果，其他节点则对应于一个特征测试。每个样本从根节点出发，根据节点的特征测试选择样本的预测路径，直至到达某个叶子节点，即获得该样本的分类。例如，客户的特征为无房产、单身、年收入为 5.5 万元，依据此决策树就可以预测客户无法偿还贷款（图 5-7 中的虚线路径）。

人们判断苹果好坏的规则是长期总结形成的经验，计算机程序如何从数据中总结出判别客户偿还贷款能力的经验呢？构造决策树是一个递归的过程：为当前节点选择特征项，以便将该节点拥有的样本集划分为两个子集，形成分支节点；反复添加节点直到所有子集的分类标签一致，即到达叶子节点为止。在决策树的构造过程中，每次在样本特征集中选择最合适的特征项作为分支节点是决策树学习算法的核心，目标是使决策树能够准确预测每个样本的分类，且规模尽可能小。不同的学习算法生成的决策树有所不同，常用的有 ID3、C4.5 和 CART 等算法。用户可以在实际应用过程中通过反复测试和性能比较来决定数据集所适用的算法。

2. 决策树分类实现

scikit-learn 的 DecisionTreeClassifier 类实现决策树分类器的学习，支持二分类和多分类问题。分类性能评估同样采用 metrics 类实现。相关实现函数格式如下。

模型初始化：

```
clf = tree.DecisionTreeClassifier()
```

模型学习：

```
clf.fit(X, y)
```

Accuracy 计算：

```
clf.score(X,y)
```

模型预测：

```
predicted_y = clf.predict(X)
```

混淆矩阵计算：

```
metrics.confusion_matrix(y, predicted_y)
```

分类性能报告：

```
metrics.classification_report(y, predicted_y)
```

参数说明：

　　X[n,m]：样本特征二维数组，n 为样本数，m 为特征项个数，数值型。

　　y[n]：分类标签一维数组，必须为整数。

【例 5-3】　使用 scikit-learn 建立决策树为银行客户偿还贷款数据集构造分类器，并评估分类器的性能。

银行客户偿还贷款数据集共包括 15 个样本，每个样本包含 3 个特征项，1 个分类标签，保存在文本文件 bankdebt.csv 中。

（1）从文件中读取 5 个样本，查看是否正确。

```
filename = 'data\bankdebt.csv'
data = pd.read_csv(filename, nrows = 5, index_col = 0, header = None)
print(data)
```

结果如下。

```
0   1        2      3     4
1  Yes   Single   12.5   No
2  No    Married  10.0   No
3  No    Single    7.0   No
4  Yes   Married  12.0   No
5  No    Divorced  9.5   Yes
```

（2）训练分类器模型时，参数为数值型数组，需要将样本中字符型的数据替换为数字。统一将"Yes"替换为 1，"No"替换为 0；将代表婚姻状况的"Single"替换为 1，"Married"替换为 2，"Divorced"替换为 3。

```
data = pd.read_csv(filename, index_col = 0, header = None)
data.loc[data[1] == 'Yes',1 ] = 1
data.loc[data[1] == 'No',1 ] = 0
data.loc[data[4] == 'Yes',4 ] = 1
data.loc[data[4] == 'No',4 ] = 0
data.loc[data[2] == 'Single',2 ] = 1
data.loc[data[2] == 'Married',2 ] = 2
data.loc[data[2] == 'Divorced',2] = 3
print( data.loc[1:5,:] )
```

替换后的前 5 条数据如下。

```
0  1  2     3    4
1  1  1  12.5   0
2  0  2  10.0   0
3  0  1   7.0   0
4  1  2  12.0   0
5  0  3   9.5   1
```

（3）data 的前 3 列数据是特征值，取出赋给 X。最后 1 列数据是分类值（必须为整型）赋给 y，用于训练分类器。分类器的 score()可以给出分类的 Accuracy。

```
X = data.loc[ :, 1:3 ]
y = data.loc[ :, 4]
#导入决策树，训练分类器
from sklearn import tree
clf = tree.DecisionTreeClassifier()
clf = clf.fit(X, y)
clf.score(X,y)   #计算分类器的 Accuracy
```

输出的准确率结果为 1.0，在此数据集上，模型预测完全正确。

（4）对分类器的性能进行评估。

```
predicted_y = clf.predict(X)
from sklearn import metrics
print(metrics.classification_report(y, predicted_y))
```

```
print('Confusion matrix:' )
print( metrics.confusion_matrix(y, predicted_y) )
```

结果如下。

	precision	recall	f1-score	support
0	1.00	1.00	1.00	10
1	1.00	1.00	1.00	5
avg / total	1.00	1.00	1.00	15

```
Confusion matrix:
[[10  0]
 [ 0  5]]
```

（5）显示生成的决策树。

```
from sklearn.tree.export import export_text
fName =['House', 'Marital', 'Income']
clfStruc = export_text(clf, feature_names=fName)
print(clfStruc)
```

结果如下。

```
|--- House <= 0.50
|   |--- Marital <= 2.50
|   |   |--- Marital <= 1.50
|   |   |   |--- Income <= 9.25
|   |   |   |   |--- Income <= 7.75
|   |   |   |   |   |--- Income <= 6.25
|   |   |   |   |   |   |--- class: 1
|   |   |   |   |   |--- Income > 6.25
|   |   |   |   |   |   |--- class: 0
|   |   |   |   |--- Income > 7.75
|   |   |   |   |   |--- class: 1
|   |   |   |--- Income > 9.25
|   |   |   |   |--- class: 0
|   |   |--- Marital > 1.50
|   |   |   |--- class: 0
|   |--- Marital > 2.50
|   |   |--- class: 1
|--- House > 0.50
|   |--- class: 0
```

可视化方法

决策树也支持使用图形库 Graphviz 进行图形可视化，扫描二维码查看具体方法。

思考与练习

1．将数据集划分为训练集和测试集，查看决策树分类器的性能。

2．将例 5-3 中的分类器保存到文件中，然后重新加载预测给出的新数据。

5.3.3　支持向量机

支持向量机（Support Vector Machine，SVM）是基于数学优化方法的分类学习算法。它的基本思想是将数据看作多维空间中的点，求解出一个最优的超平面，从而将两种不同类别的点分割开来。以二维空间为例，超平面就是一条分割线，如图 5-8（a）所示。

同一个数据集，可能存在多个分割平面，如图 5-8（b）所示，哪个平面是最优的分割平面呢？首先计算每个平面的最短距离，即两类点到该平面最近的点的距离。将最短距离最大的平面视为最优分割平面，这时分割平面距离两类样本的间隔最大。如图 5-8（c）所示，分割平面 B_1 距离两类样本的间隔远大于 B_2，当出现新样本时，B_1 预测出正确分类的概率更大。

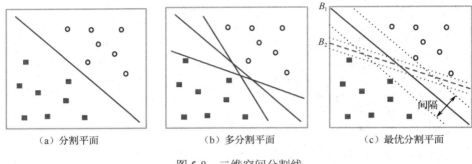

（a）分割平面　　　　　　　（b）多分割平面　　　　　　　（c）最优分割平面

图 5-8　二维空间分割线

SVM 最基本的应用就是分类，求解一个最优的分类平面，将数据集分割为两个子集。

有些数据集在低维空间中无法使用超平面进行分割，但将其映射到高维空间后，则能找到一个超平面将不同类的点分割开，如图 5-9 所示。

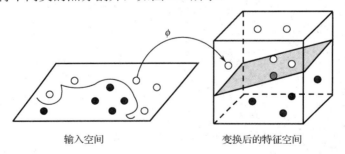

输入空间　　　　　　　　　变换后的特征空间

图 5-9　SVM 高维空间映射

SVM 采用核函数（Kernel Function）将低维数据映射到高维空间，选用适当的核函数就能得到高维空间的分割平面，较好地将数据集分割为两部分。研究人员提出了多种核函数，以适应不同特性的数据集。常用的核函数有线性核、多项式核、高斯核和 sigmoid 核等。核函数的选择是影响 SVM 分类性能的关键因素，若核函数选择不合适，则意味着将样本映射到不合适的高维空间，无法找到分割平面。当然，即使采用核函数，也不是所有数据集都可以被完全分割的，因此 SVM 的算法中添加了限制条件，来保证尽可能减少不可分割的点的影响，使分割达到相对最优。

案例 5-3：银行投资业务推广预测

某银行客户数据集中包含客户的年龄、孩子个数、收入等 11 个特征项，其中"客户是否接受了银行邮件推荐的个人投资计划"（pep）是相应的分类标签（二分类），前 5 条数据如图 5-10 所示。数据样本共有 600 个，没有缺失数据，保存在 bankpep.csv 文件中。

id	age	sex	region	income	married	children	car	save_act	current_act	mortgage	pep
ID12101	48	FEMALE	INNER_CIT	17546	NO	1	NO	NO	NO	NO	YES
ID12102	40	MALE	TOWN	30085.1	YES	3	YES	NO	YES	YES	NO
ID12103	51	FEMALE	INNER_CIT	16575.4	YES	0	YES	YES	YES	NO	NO
ID12104	23	FEMALE	TOWN	20375.4	YES	3	NO	NO	YES	NO	NO

图 5-10　银行客户数据集（前 5 条）

scikit-learn 的 SupportVectorClassification 类实现 SVM 分类，其只支持二分类问题，多分类问题需转化为多个二分类问题处理。SVM 分类器的初始化函数如下。

```
clf = svm.SVC(kernel=, gamma, C,…)
```

参数说明：

　　kernel：使用的核函数。'linear'为线性核函数、'poly'为多项式核函数、'rbf'为高斯核函数、'sigmoid'为 Logistic 核函数。

　　gamma：'poly'、'rbf'或'sigmoid'的核系数，一般取值为(0,1)。

　　C：误差项的惩罚参数，一般取 10^n，如 1、0.1、0.01 等。

SVM 分类实现其他的函数与决策树一致，不再单独说明。

【例 5-4】 使用 scikit-learn 建立 SVM 模型预测银行客户是否接受邮件推荐的投资计划，并评估分类器的性能。

（1）从文件中读取数据，通常 id 是由数据库系统生成的，没有实际意义，读入时作为列索引读入。

```
filename = 'data\bankpep.csv'
data = pd.read_csv(filename, index_col = 'id')
```

（2）SVM 算法只能使用数值型变量作为输入，需要将所有的特征值"YES"和"NO"分别转换为 1 和 0，sex 的特征值"FEMALE"和"MALE"也分别转换为 1 和 0。

由于有 6 个特征项的取值均为"YES""NO"，将这些特征项的标签放入一个序列中，就可以通过 for 循环对特征值逐个进行替换。

```
seq = ['married', 'car', 'save_act', 'current_act', 'mortgage', 'pep']
for feature in seq :    # 逐个特征项进行替换
    data.loc[ data[feature] == 'YES', feature ] =1
    data.loc[ data[feature] == 'NO', feature ] =0
#替换性别
data.loc[ data['sex'] == 'FEMALE', 'sex'] =1
data.loc[ data['sex'] == 'MALE', 'sex'] =0
print (data[0:5])
```

结果如下。

```
        age sex      region  income married children car save_act  \
id
ID12101  48   1  INNER_CITY 17546.0       0        1   0        0
ID12102  40   0        TOWN 30085.1       1        3   1        0
ID12103  51   1  INNER_CITY 16575.4       1        0   1        1
ID12104  23   1        TOWN 20375.4       1        3   0        0
ID12105  57   1       RURAL 50576.3       1        0   0        1


        current_act mortgage pep
id
ID12101           0        0   1
ID12102           1        1   0
ID12103           1        0   0
ID12104           1        0   0
ID12105           0        0   0
```

（3）region、children 的取值超过两种，如果将取值表示为数值大小则缺乏分析意义，因此应采用独热编码（One-Hot Encoding）进行转化。例如，region 有 4 种取值，那么将 region 列转换为 4 列，其中取值对应的列为 1，其余为 0。然后将原 DataFrame 对象中的 region 列和 children 列删除，再将生成的二元矩阵连接上去。

```
#将离散特征数据进行独热编码，转换为 dummies 矩阵
dumm_reg = pd.get_dummies( data['region'], prefix='region' )
dumm_child = pd.get_dummies( data['children'], prefix='children' )
#删除 DataFrame 对象中原来的两列后再加入 dummies 矩阵
df1 = data.drop(['region','children'], axis = 1)
#join() 按照行索引连接多个 DataFrame 对象
df2 = df1.join([dumm_reg,dumm_child], how='outer')
print( df2[0:5] )
```

替换后的前两条数据形式如下。

```
        age sex  income married car save_act current_act mortgage pep \
id
ID12101 48   1 17546.0       0   0        0           0        0   1
ID12102 40   0 30085.1       1   1        0           1        1   0


        region_INNER_CITY region_RURAL region_SUBURBAN region_TOWN \
id
ID12101                 1            0               0           0
ID12102                 0            0               0           1
```

	children_0	children_1	children_2	children_3
id				
ID12101	0	1	0	0
ID12102	0	0	0	1

（4）在 DataFrame 对象中，pep 列存放分类标签，取出其值作为 y，其余列的值为 X。

```
#df2 中删除 pep 列后作为 X
X = df2.drop(['pep'], axis=1)
y = df2['pep']
#训练模型
from sklearn import svm
clf = svm.SVC(kernel='rbf', gamma=0.6, C = 100)
clf.fit(X, y)
print( "Accuracy: ",clf.score(X, y) )
#评价分类器的性能
from sklearn import metrics
y_predicted = clf.predict(X)
print( metrics.classification_report(y, y_predicted) )
```

这里用所有的样本训练 SVM 分类器，预测准确率为 100%。

（5）将数据集划分为测试集和训练集，在测试集上评估预测性能。

```
from sklearn import model_selection
X_train, X_test, y_train, y_test = model_selection.train_test_split(X,
        y, test_size=0.3, random_state=1)
clf = svm.SVC(kernel='rbf', gamma=0.7, C = 1.0)
clf.fit(X_train, y_train)
print("Performance on training set:", clf.score(X_train, y_train) )
print("Performance on test set:", clf.score(X_test, y_test) )
```

这时我们发现，分类器在训练集上的准确率能够达到 100%，但在测试集上的准确率只有 50%～60%。

（6）SVM 算法需要计算样本之间的距离，为了保证样本各个特征项对距离计算的贡献相同，需对数值型数据做标准化处理。标准化处理有很多计算方法，这里将每列标准化为标准正态分布数据。

```
from sklearn import preprocessing
X_scale = preprocessing.scale(X)      #数据集标准化
X_train,X_test,y_train,y_test = model_selection.train_test_split(X_scale,
        y, test_size=0.3)
clf = svm.SVC(kernel='rbf', gamma=0.7, C = 1.0)
clf.fit(X_train, y_train)
clf.score(X_test, y_test)
```

先对整个数据集进行标准化，再切分为训练集和测试集，训练得到的分类器在测试集上的准确率可提高到 69%。

（7）通过调整模型初始化参数，进一步优化分类器模型，如 kernel='poly', gamma=0.6, C = 0.001，分类器在测试集上的准确率可进一步提高到 80%。

思考与练习

使用 bankpep.csv 数据集，将数据分为训练集与测试集。

（1）训练决策树分类器，观察在测试集上的分类效果，并与 SVM 分类器的效果进行比较。

（2）训练 SVM 分类器时，使用 rbf 核函数，调整参数 gamma 的值；使用不同的核函数，分别观察在测试集上的分类效果。

5.4 聚类分析

5.4.1 聚类任务

在监督学习中，训练样本包含了目标值，学习算法根据目标值学习预测模型。当数据集中没有分类标签信息时，只能根据数据内在性质及规律将其划分为若干个不相交的子集，每个子集称为一个"簇"（Cluster），这就是聚类方法（Clustering）。

例如，对多篇新闻报道按照内容的主题进行聚类，获得 5 个簇，每个簇可对应潜在的类别，如财经、科技、教育、体育和娱乐等。但聚类算法并不知道聚类所得的簇对应于哪个类别名，它只能自动形成簇结构。簇所对应的现实概念还需要使用者来辨别和命名。

聚类方法作为独立的工具能够获得数据的分布状况，观察每个簇中数据的特征，集中对特定的簇集合做进一步分析。它也可以作为分类等其他任务的预处理过程。例如，在电商网站上，需要将用户分为不同类以便有针对性地推荐商品。直接定义"用户类型"是比较困难的，通常先将用户按照其行为特征进行聚类，统计各簇的特性，将每个簇定义为一个有意义的类，再进一步训练分类模型，利用分类模型判别新用户。

聚类分析是将数据划分到不同簇中的过程，其目标是使同一个簇中的样本相似度较高，而不同簇间的样本相似度较低。聚类分析使用的算法不同会得到不同的结果，如图 5-11 所示。需要根据数据特性和解决问题的目标，选用合适的方法。

聚类方法通常分为划分（Partition）、层次（Hierarchical）、基于密度聚类（Density Based）、基于图/网格聚类（Graph/Grid Based）、基于模型聚类（Model Based）等方法，这些方法下面又延伸出不同的具体算法。本节主要通过经典算法 K-means 介绍聚类的实现方法和评价体系。

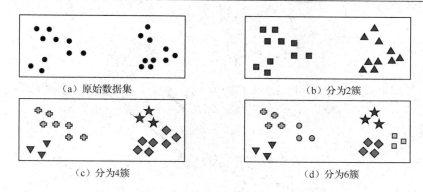

（a）原始数据集　　　　　　　　　　　　　（b）分为2簇

（c）分为4簇　　　　　　　　　　　　　　（d）分为6簇

图 5-11　同一数据集被划分为 2 簇、4 簇、6 簇

5.4.2　K-means 算法

1．K-means 算法原理

K-means 是划分法中的经典算法。划分法的基本目标是将数据聚为若干簇，使簇内的样本都足够近，簇间的样本都足够远。它通过计算数据集中样本之间的距离，根据距离的远近将其划分为多个簇。K-means 算法首先需要假定划分的簇数 k，然后从数据集中任意选择 k 个样本作为各簇的中心。聚类过程如下。

（1）根据样本与簇中心点的距离相似度，将数据集中的每个样本划分到与其最相似的一个簇中。

（2）计算每个簇的中心（如该簇中所有样本的均值）。

（3）不断重复这个过程直到每个簇的中心点不再变化。

图 5-12 演示了聚类过程。开始随机给出的 3 个中心点都位于最大的簇中，随着迭代的进行，其中两个中心点逐渐移到图下方两个较小簇的中心位置。很多时候，使用 K-means 算法都能较快地稳定中心点，停止循环迭代过程。

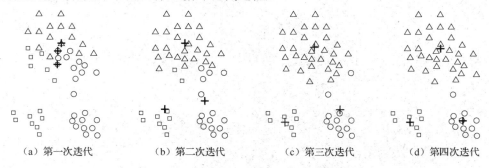

（a）第一次迭代　　　　（b）第二次迭代　　　　（c）第三次迭代　　　　（d）第四次迭代

图 5-12　使用 K-means 算法在样本中找出 3 个簇

K-means 算法的核心是相似度的计算，如果数据样本的特征值主要是数值型数据，则欧式距离是简单的选择，通常为了去除不同特征值取值范围不一致带来的影响，需要先对数据进行标准化处理。假设样本集为 $A = \{a_1, a_2, \cdots, a_d\}$，$B = \{b_1, b_2, \cdots, b_d\}$，欧式距离计算方

法如下。

$$d(A,B) = \sqrt{\sum_{i=1}^{d}(a_i - b_i)^2}$$

如果特征值主要是离散数据，如计算文本的相似度，则采用余弦相似度更合适。余弦相似度通过计算两个向量的夹角余弦值来表示其相似度。余弦相似度计算方法如下。

$$\cos(A,B) = \frac{A \cdot B}{|A| \cdot |B|} = \frac{\sum_{i=1}^{d} a_i \cdot b_i}{\sum_{i=1}^{d}(a_i)^2 \cdot \sum_{i=1}^{d}(b_i)^2}$$

余弦值的范围为[-1,1]，值越接近 1，表示两个样本的相似度越高。

2. K-means 聚类实现

案例 5-4：鸢尾花数据集

Iris（鸢尾花）数据集记录了山鸢尾花、变色鸢尾花和弗吉尼亚鸢尾花 3 个不同种类鸢尾花的特征数据，包括 4 个特征项：花萼（Sepal）的长度与宽度，以及花瓣（Petal）的长度与宽度，其实物如图 5-13 所示。一个分类标签是花的类别，数据集中共有 150 条记录。鸢尾花数据集是统计学家 R. A. Fisher 在 20 世纪中期发布的，被公认为数据挖掘最著名的数据集。

scikit-learn 的 Cluster 类提供聚类分析的方法，实现函数形式如下。

模型初始化：

```
kmeans = KMeans(n_clusters)
```

模型学习：

```
kmeans.fit(X)
```

参数说明：

n_clusters：簇的个数。

X：样本二维数组，数值型。

图 5-13　鸢尾花实物

【例 5-5】　使用 scikit-learn 的 K-means 算法对鸢尾花数据集进行聚类分析。

（1）从文件中读取数据。

```
filename = 'data\iris.data'
data = pd.read_csv(filename, header = None)
data.columns = ['sepal length','sepal width','petal length',
              'petal width','class']
data.iloc[0:5,:]
```

前 5 条数据内容如下。

```
   sepal length  sepal width  petal length  petal width        class
0           5.1          3.5           1.4          0.2  Iris-setosa
```

1	4.9	3.0	1.4	0.2 Iris-setosa
2	4.7	3.2	1.3	0.2 Iris-setosa
3	4.6	3.1	1.5	0.2 Iris-setosa
4	5.0	3.6	1.4	0.2 Iris-setosa

（2）四维空间的数据特性无法直接进行观察，通过绘制特征项对的散点图矩阵，可观察每两种特征项的区分度，结果如图 5-14 所示。

```
pd.plotting.scatter_matrix(data, diagonal='hist')
```

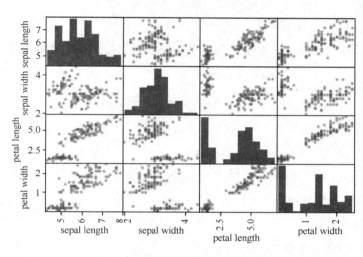

图 5-14　特征项对的散点图矩阵

图 5-14 中矩阵主对角线上放置的是该特征项的直方图，矩阵左、右对称位置的图是相同的，只是交换了横轴、纵轴坐标。可以看到，大部分特征值明显地聚为 2 簇，原始标签中变色鸢尾花和弗吉尼亚鸢尾花的区分度不是特别显著。

（3）定义簇的个数为 3，忽略鸢尾花数据集的分类标签，取前 4 列特征值，训练聚类模型。

```
X = data.iloc[:,0:4]                        #准备数据
from sklearn.cluster import KMeans
kmeans = KMeans(n_clusters=3)               #模型初始化
kmeans.fit(X)                               #训练模型
```

（4）K-means 模型的参数 labels_给出参与训练的每个样本的簇标签。使用样本簇编号作为分类标签，可以绘制特征项对的散点图矩阵，用不同颜色标识不同的簇。

```
import matplotlib.pyplot as plt
pd.plotting.scatter_matrix(data, c=kmeans.labels_, diagonal='hist')
```

绘制出的散点图矩阵如图 5-15 所示，不同簇在各特征项对的空间区分度较好，聚类效果比较理想。

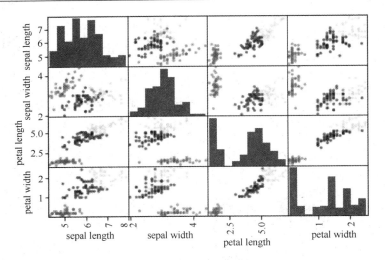

图 5-15　添加簇标签的散点图矩阵

5.4.3　聚类方法的性能评估

聚类方法的评估性能不如分类方法那样直接，即使数据集本身带有分类标签，但聚类的簇编号无法与分类标签一一对应，也不能直接比对计算准确率。下面分别就数据集是否带有分类标签给出相应的评估方法。

1. 有分类标签的数据集

鸢尾花数据集带有分类标签，可以使用兰德指数（Adjusted Rand Index，ARI）评估聚类性能，它能够计算真实类别与聚类类别两种分布之间的相似性，取值范围为[0,1]。其中 1 表示最好的结果，即聚类类别和真实类别的分布完全一致。

scikit-learn 的 metrics.cluster 类提供聚类相关的评估指标，其中用 adjusted_rand_score () 来计算兰德指数。

```
from sklearn import metrics
#将类名转换为整数值
data.loc[ data['class'] == 'Iris-setosa', 'class' ] = 0
data.loc[ data['class'] == 'Iris-versicolor', 'class' ] = 1
data.loc[ data['class'] == 'Iris-virginica', 'class' ] = 2
y = data['class']
metrics.cluster.adjusted_rand_score(y, kmeans.labels_)
```

例 5-5 聚类的 ARI 值为 0.73。

2. 没有分类标签的数据集

如果数据集没有类别属性，常用轮廓系数（Silhouette Coefficient）来度量聚类的质量。轮廓系数同时考虑聚类结果的簇内凝聚度和簇间分离度，取值范围为[-1,1]。轮廓系数越大，表示聚类效果越好。

scikit-learn 的 metrics 类提供 silhouette_score()来计算轮廓系数。

```
from sklearn.metrics import cluster
cluster.silhouette_score( X,kmeans.labels_,metric='euclidean' )
```

例 5-5 聚类的轮廓系数为 0.553。

3. 确定初值 *k*

如果数据集没有已知类别，聚类的初始簇数 *k* 该如何确定呢？通常我们会先尝试多个 *k* 值得到不同的聚类结果，然后比较这些结果的轮廓系数，选择合适的 *k* 作为最终模型。

【例 5-6】 鸢尾花数据集的 K-means 算法聚类模型的选择。

在鸢尾花数据集上，先设定簇数分别为 2、3、4、5、6、7、8，建立聚类模型，再计算每个聚类结果的轮廓系数，绘制轮廓系数与簇数的关系图。

```
clusters = [2,3,4,5,6,7,8]
sc_scores = []
#计算各个簇模型的轮廓系数
for i in clusters:
    kmeans = KMeans( n_clusters = i).fit(X)
    sc = cluster.silhouette_score(X, kmeans.labels_,
                                   metric= 'euclidean' )
    sc_scores.append( sc )
#绘制曲线图反映轮廓系数与簇数的关系
plt.plot(clusters, sc_scores, '*-')
plt.xlabel('Number of Clusters')
plt.ylabel('Silhouette Coefficient Score')
```

绘制得到的曲线如图 5-16 所示。

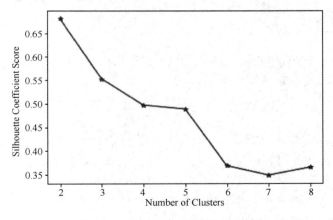

图 5-16　轮廓系数与簇数的关系图

图 5-16 说明，当 *k*=2 时聚类的轮廓系数最大。从原始样本的数据可视化结果也可以看

出，山鸢尾花比较小，而变色鸢尾花和弗吉尼亚鸢尾花之间的差别不是很显著。从花的特征值角度看，聚类为 2 簇的结果更合理。

思考与练习

如果某聚类算法在数据集上测试的聚类性能，兰德指数较高但轮廓系数较低，或兰德指数较低但轮廓系数较高，试查询资料了解测试结果所说明的问题。

5.5　数据降维

大数据技术导致数据属性（特征）规模和记录数量急剧增加，大数据处理平台和并行数据分析算法随之出现。但实际应用中有时并不是数据越多越好，特别是高维数据集带来很多分析问题，例如，某些特征对于分析目标基本没有意义，在建模分析中成为噪声数据，导致分析性能下降。机器学习建模分析时维度越高，数据在每个特征维度上的分布就越稀疏，可能导致每个样本都有自己的特征，无法形成区别分类的统一特征，出现机器学习的"维度灾难"。另外，高维度数据需要更多的内存资源，同时计算速度也会更慢。

数据降维的目标就是根据分析目标压缩数据的维度，减少数据集的冗余和噪声数据，提高建模分析的精度，降低算法的计算开销，同时通过降维算法来寻找数据内部的本质结构特征。当数据降到二维或三维后，可以实现可视化操作，便于数据分析的结果展示。

例如，2009 KDD（全称为 Knowledge Discovery and Data Mining）挑战中用大数据集来预测客户流失量，该数据集的特征达到 15000。如果直接采用分类建模分析方法，如决策树、朴素贝叶斯、神经网络等，算法运算非常缓慢。采用数据降维技术后，减少了 90% 以上的特征维度，同时分类精确度也从 73% 提高到 94%。

在实际应用处理结构化数据集时，降维算法成为数据预处理的重要部分，能够大幅度提高算法性能和效率。

5.5.1　降维分析方法

目前，数据降维的方法很多，根据数据处理的方式不同可分为特征选择和特征提取。很多时候需要根据特定问题选用合适的方法。

1.　特征选择

特征选择是指在数据集已有的多个特征中，只选取其中一部分作为后续分析的特征集，即从原始的 n 个特征中选择 m（$m<n$）个子特征的过程。特征选择按照某种标准来减少特征数量，但不改变保留的特征。常用的方法分为以下三种。

（1）过滤法。按照特征的发散性或相关性指标对各个特征进行评分，设定评分阈值或待选择阈值的个数，选择合适的特征。例如，使用方差筛选可将方差小的特征移除。

（2）包装法。根据目标函数，通常是预测效果评分，每次选择部分特征，或者排除部分特征。

（3）嵌入法。选用某些机器学习的算法和模型，对数据集进行训练，得到各个特征的权重，根据权重从大到小来选择特征。这种方法类似于过滤法，只是通过机器学习训练的性能进行比较，而不是直接根据特征的统计学指标来确定优劣。

2．特征提取

特征提取是指通过函数映射从原始特征中提取新特征。假设有 n 个原始特征表示为 $(a_1, a_2, \cdots, a_n)$，通过特征提取得到一组新特征表示为 $(b_1, b_2, \cdots, b_m)$，$m < n$，其中 $b_i = f_i(a_1, a_2, \cdots, a_n)$，$i \in [1, m]$，$f$ 为映射函数。新特征将替代原始特征进行后续分析。特征提取方法通常可以分为线性和非线性两种。

线性方法采用线性函数进行特征变换，常用的方法有 PCA 和 LDA。PCA（Principal Component Analysis）的目标是通过线性投影，将高维的数据映射到低维的空间，期望在所投影的维度上使数据的方差最大，尽可能保留较多的原数据特性。PCA 属于无监督学习方法。LDA（Linear Discriminant Analysis）则是一种有监督的线性降维方法，其目标是使得降维后的数据分类准确率更高，也就是使同类的点尽可能接近，不同类的点尽可能分离。

非线性方法采用非线性函数进行特征变换，常用的方法有 LLE 和 Laplacian Eigenmaps。LLE（Locally Linear Embedding）方法能够使降维后的数据较好地保持原有的流形结构。Laplacian Eigenmaps 方法则希望相互间有关系的点在降维后的空间中尽可能靠近，可以较好地反映出数据内在的流形结构。

5.5.2 主成分分析

主成分分析（PCA）是一种使用非常广泛的数据降维算法。PCA 将 n 维特征映射到 k 维空间，k 维由原始数据的正交特征构成，也被称为主成分。PCA 建立在最大方差理论基础上，即在信号处理中，信号具有较大的方差，噪声具有较小的方差。因此 PCA 认为最好的 k 维特征是将 n 维样本转化为 k 维后，每一维的样本方差都比较大。

以二维数据为例，数据在平面中（分布如图 5-17 所示）形成一个椭圆形状。椭圆有一个长轴和一个短轴，长轴上的数据变化远大于短轴的。如需将这些数据映射到一维空间，数据在长轴 u_1 上投影的离散程度（方差）远大于 u_2 的。由此可见，u_1 保留了原始数据的绝大部分信息，是主成分方向。将数据映射到 u_1 上得到降维后的新数据，其尽可能保留了原始数据的信息。

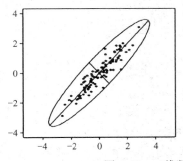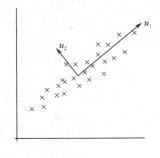

图 5-17 二维数据的特征向量

PCA 通过计算样本矩阵的协方差矩阵，得到由特征值组成的特征向量，选择特征值最大（方差最大）的 k 个特征所对应的特征向量，构成新的特征矩阵。

scikit-learn 的 decomposition.PCA 类提供 PCA 降维方法，实现函数形式如下。

模型初始化：

```
pca = PCA(n_components, whiten, svd_solver,…)
```

模型学习：

```
pca.fit(X)
```

数据变换：

```
newX = pca.transform(X)
```

参数说明：

X：样本二维数组，数值型。

newX：降维后的二维数组，数值型。

n_ components：取值为整数时，表示保留的特征维度。取值为(0,1]内小数时，表示主成分方差最小占比的阈值。

whiten：白化，Boolean，降维后是否对每个特征进行归一化。

svd_solver：{'auto', 'full', 'arpack', 'randomized'}，通常使用默认值'auto'.

【例 5-7】 对鸢尾花数据集进行降维分析。

案例 5-4 的鸢尾花数据集包含了 4 个特征项，150 条数据，分为 3 类。在例 5-5 中采用散点图矩阵观察数据在每个特征项对上的分布。采用 PCA 将四维数据降到二维后，就能直观地了解数据主要信息在 3 个类中的区分度。

（1）从文件中读取数据（方法与例 5-5 相同，略），将类名转换为数值型数据。从 DataFrame 对象中取出 X 和 y。

（2）建立 PCA 模型，将四维特征降为二维特征。

```
from sklearn.decomposition import PCA
pca = PCA(n_components=2)
pca.fit(X)
print("explained ration:", pca.explained_variance_ratio_ )
print("explained_variance:",pca.explained_variance_ )
```

结果如下。

```
explained ration: [0.92461621 0.05301557]
explained_variance: [4.22484077 0.24224357]
```

建立 PCA 模型后，可通过成员变量参看模型的关键参数。

explained_variance_：降维后的各主成分的方差，方差越大越重要。

explained_variance_ratio_：降维后的各主成分的方差占总方差的比例，比例越大越重要。

components_：具有最大方差的成分。

n_components_：保留的成分个数。

结果说明二维特征的方差占总方差的 97.8%（92.5%+5.3%），能够较好地反映数据样本之间的差异。

（3）使用 PCA 模型将原始数据变换为二维特征的数据，通过散点图描绘 3 类数据分布。

```
#将四维数据变换为二维数据
newX = pca.transform(X)
#绘制 3 类数据的散点图
import matplotlib.pyplot as plt
colors = ['b','c','g']
for i in range(0,3):
    cl = newX[y == i]
    plt.scatter( cl[:,0], cl[:,1], c=colors[i] )
```

结果如图 5-18 所示，四维特征向量表示的 3 类鸢尾花被映射到二维空间，且较好地保留了 3 类数据的信息。

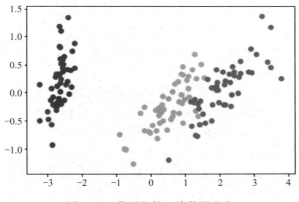

图 5-18　鸢尾花的二维数据分布

5.6　集成学习

机器学习的目标是通过样本学习获得一个稳定且能较好预测各种样本的模型。实际上，算法获得的通常是有偏好的模型，即在某些样本上表现较好，在其余样本上表现较差，这样的模型被称为弱学习模型。集成学习（Ensemble Learning）的思想是通过多个学习过程获得一系列弱学习模型，将这些模型组合后得到强学习模型，使其在数据集的各种样本上都能具有较好的表现。

目前，集成学习算法可分为两大类：Bagging 算法，并行学习多个弱学习模型后组合使用，代表算法是随机森林（Random Forest）；Boosting 算法，串行学习多个弱学习模型，每个模型都在上一轮学习模型的基础上再进行学习，代表算法有 AdaBoosting（Adaptive Boosting）、梯度提升机（Gradient Boosting）、GBDT（Gradient Boost Decision Tree，梯度提升决策树）、XGBoost（eXtreme Gradient Boosting）等。下面将简要介绍随机森林和梯度提升机这两类算法的基本思想。

5.6.1 随机森林算法的基本原理

随机森林采用随机的方式建立一个森林，森林由很多决策树组成，如图 5-19 所示。假设数据集有 n 个样本，包含 d 个特征，构造每棵树时，随机选择 m（$m<n$）个样本作为训练集，并随机采样 k（$k<d$）个特征形成集合以生成决策树的节点。

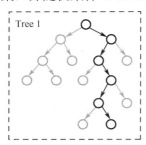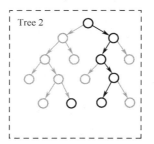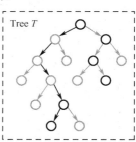

图 5-19　多个决策树组成的森林

使用随机森林进行预测时，通常先使用每棵树进行预测，然后将所有结果组合起来。假设随机森林由 T 个弱学习模型构成，每个模型在样本 x 上的输出为 $h_i(x)$，常见的组合策略有两类。

（1）对数值型输出 $h_i(x)$ 可以使用简单平均法，也可以考虑加权平均法，即为不同的决策树赋予不同的权重。通常使用简单平均法就能达到比较好的效果。

（2）对分类任务来说，最常用的组合策略是投票法（Voting），可以使用多数投票法，即若某个标签得票超过半数，则预测为该标签，否则拒绝预测；对分类标签可以使用相对多数投票法，即采用得票最多的标签作为最终标签，与加权平均法类似，也可以为票数增加权重。

随机森林算法简单，容易实现，训练速度快，能够处理高维度数据集，而且在很多实际任务中表现优异。

5.6.2 梯度提升机算法的基本原理

Boosting 算法初始时为每个样本分配相同的权重，每次训练得到弱学习模型，将学习模型预测正确的样本权重降低，错的样本权重增加，如此往复，最终将得到的弱学习模型进行加权组合。

梯度提升机也是一种迭代的决策树算法，每个弱学习模型均采用 CART 回归决策树模型，依据前序模型损失函数的负梯度方向生成，循环多次后就可以达到逼近损失函数局部最小值的目标，如图 5-20 所示。

GBDT（梯度提升决策树）算法是梯度提升机的一种，它包含较多的非线性变换，表达能力强，在很多数据集中无须进行复杂的特征工程和特征变换就能获得较好的建模性能，但由于 Boosting 算法的弱学习模型之间存在依赖关系，难以并行化，因此其计算复杂度比随机森林的 Bagging 算法要高。

XGBoost 算法在 GBDT 算法的基础上进一步做了优化，准确性更高，需要的迭代次数更少，同时 XGBoost 算法还优化了决策树的生成过程，增加了节点分化的并行机制，提高了决策树的生成速度。它已成为科学计算和工业界最常用的工具之一。

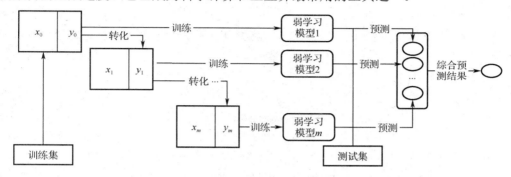

图 5-20　梯度提升机算法的工作原理

5.6.3　集成学习建模分析

scikit-learn 的 ensemble 包提供了基于 Bagging 的随机森林算法和基于 Boosting 的 GBDT 这两类算法，可以直接导入后使用。XGBoost 算法没有集成在 scikit-learn 中，使用时需要额外安装。集成学习类库如表 5-4 所示。

表 5-4　集成学习类库

	随机森林算法	GBDT 算法	XGBoost 算法
回归	RandomForestRegressor	GradientBoostingRegressor	xGBRegressor
分类	RandomForestClassifier	GradientBoostingClassifier	xGBClassifier

这些集成学习类的使用方法都基本相同，常用参数名与含义类似。下面以随机森林分类器为例，介绍如何应用集成学习算法实现建模分析。

RandomForestClassifier 类模型初始化：

```
RF = RandomForestClassifier (n_estimators, criterion, max_depth,…)
```

模型学习：

```
RF.fit(X)
```

参数说明：

X：样本二维数组，数值型。

n_estimators：整数，森林中决策树的数目。

criterion：{'gini', 'entropy' }，衡量节点分裂质量的函数。默认值为'gini'.

max_depth：决策树的最大深度，可以为空。

【例 5-8】 使用 scikit-learn 建立随机森林模型预测银行客户是否接受邮件推荐的投资计划，并评估分类器的性能。

案例 5-3 中银行客户数据集中包含了 10 个特征项，一个分类（二分类）标签，共 600 个样本。

（1）从文件中读入数据进行预处理，将所有特征值转换为数值型的。（方法与例 5-4 的步骤（3）相同，略。）

（2）从 DataFrame 对象中取出 X 和 y。随机森林算法无须进行归一化处理，可直接划分为训练集和测试集。

```python
X = df2.drop(['pep'], axis=1)
y = df2['pep']
from sklearn import model_selection
X_train, X_test, y_train, y_test = model_selection.train_test_split(X,
                y, test_size=0.3, random_state=1)
```

（3）使用随机森林算法训练集成分类器。初始化模型时参数 n_estimators 和 max_depth 的设置将直接影响模型的性能，且不同的数据集取值差别较大，需要通过搜索的方式找出合适的值。

```python
from sklearn.ensemble import RandomForestClassifier

#固定决策树数目，搜索最大深度 max_depth 在给定范围内的最优取值
d_scores = []
for i in range(1,10):
    RF = RandomForestClassifier(n_estimators=15, criterion='entropy',
                                max_depth =i )
    RF.fit(X_train,y_train)
    d_scores.append( RF.score(X_test,y_test) )
depth = d_scores.index(max(d_scores) )    #列表求最大值的索引
print('决策树深度：', depth,', 最优值为：', max(d_scores)) #列表求最大值


#按最优深度，搜索最优决策树数目 n_estimators
n_scores = []
for i in range(1,21):
    RF = RandomForestClassifier(n_estimators=i, criterion='entropy',
                                max_depth = depth )
    RF.fit(X_train,y_train)
    n_scores.append( RF.score(X_test,y_test) )
print('决策树数目：',n_scores.index(max(n_scores)),
                ', Accuracy 最优值为：', max(n_scores) )
```

结果如下，多次运行结果可能会有所不同。

```
决策树深度：8 , 最优值为  0.872
决策树数目：10 ,  Accuracy 最优值为  0.867
```

参数搜索时，先固定决策树数目，寻找一个较好的决策树深度，然后再固定决策树深度，搜索决策树数目，这样搜索的次数是 a（决策树深度）$+ b$（决策树数目）次，但不一定能找到最优结果。如果采用双重循环进行搜索就能找到最优值，但需要进行 ab 次建模，计算开销大。

```python
scores = []  #决策树深度为 0~9 的最优 Accuracy
pos = []     #决策树深度为 0~9 最优 Accuracy 对应的决策树数目

for i in range(1, 10):    #循环搜索决策树深度
    d_scores = []
    for j in range(1, 21):  #循环搜索决策树数目
        RF = RandomForestClassifier(n_estimators=j, criterion='entropy',
                                    max_depth =i )
        RF.fit(X_train,y_train)
        d_scores.append( RF.score(X_test,y_test) )
    scores.append(max(d_scores) )   #保存此深度最优的 Accuracy
    pos.append(d_scores.index(max(d_scores)) )#保存此深度的最优决策树数目

print('Accuracy 最优值为: ', max(scores))
num = scores.index(max(scores) )
depth = pos[num]
print('决策树数目: ',num, ', 决策树深度:', depth)
```

结果如下，多次运行结果可能会不相同。

```
Accuracy 最优值为: 0.911
决策树数目: 7,决策树深度: 12
```

如果在 bankpep 数据集上使用决策树分类，准确率约为 75%，SVM 约为 80%，而使用随机森林算法能达到 87%～91%，显著优于其他算法。

综合练习题

1. 葡萄酒数据集（wine.data）搜集了法国不同产区葡萄酒的化学指标。建立决策树、SVM、随机森林和 XGBoost 等多种分类器模型，比较各种分类器在此数据集上的分类性能。

【提示】 每种分类器需要对参数进行尝试，先找出此种分类算法的较优模型，再与其他分类器性能进行比较。

2. 从互联网上收集某城市房屋的特征数据，以及相应的房价，保存在 house_price.xlsx 文件中。利用数据集实现以下分析目标。

（1）使用 K-means 算法对房屋进行聚类分析，找出合适的 k 值，并结合房产市场对聚类结果进行说明。

（2）使用线性回归模型对房产数据进行拟合，并使用模型预测自己希望购买的房屋价格。

【提示】 先通过统计、可视化等过程对数据集进行探索性分析，再使用算法建立分析模型。

## 第6章

神经网络与深度学习建模分析

神经网络近年来逐渐成为机器学习的主流方法，深度神经网络是当前分析大数据，特别是处理图、文、声、像等数据时较为成功的技术。本章先介绍神经网络的基本原理，基于神经网络实现分类、回归的方法，然后介绍深度学习的基本概念，以及基于 Keras 框架实现深度学习的方法。

6.1 神经网络概述

神经网络（Artificial Neural Network，ANN）也称人工神经网络，是 20 世纪 80 年代以来人工智能领域兴起的研究热点，但由于其计算复杂度太高，难以实际应用，随后研究陷入低潮。近年来，随着计算能力增强和大数据的出现，深度学习（也就是深度神经网络）技术呈爆发式发展，在模式识别、机器人、自动控制、生物、医学、经济等领域展现其威力，提高了计算机的智能性。深度学习也成为当今机器学习、人工智能研究最重要的方法之一。

6.1.1 神经元与感知器

神经网络探索模拟人脑的神经组织来处理问题。人脑思维的基础是神经元，神经元相互连接。当某个神经元接收输入，达到某种状态时，它就会"兴奋"，向相连的神经元发送化学物质。

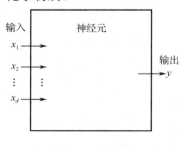

图 6-1　感知器

模拟人脑需要先模拟神经元，"人造神经元"模型称为感知器（Percepton），如图 6-1 所示。

感知器接收多个输入 $\{x_1, x_2, \cdots, x_d\}$ 后，产生一个输出 y，类似于人脑神经末梢感受各种外部环境的变化，当达到一定阈值时将产生电信号向外输出。

为了简化模型，我们约定输入（$d=3$）和输出只有两种可能：1 或 0。如何由输入得到输出呢？如图 6-2 所示，感知器将输入经过线性组合再经过非线性处理后输出。图中从输入 $x_i(i=1,2,3)$ 到输出 y 的计算方法如下。

$$y = I(0.3x_1 + 0.3x_2 + \cdots + 0.3x_3 - 0.4)$$

式中，$I(z) = \begin{cases} 1, & z > 0 \\ 0, & z \leq 0 \end{cases}$。

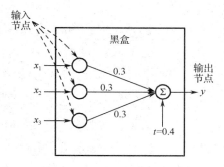

x_1	x_2	x_3	y
1	0	0	0
1	0	1	1
1	1	0	1
1	1	1	1
0	0	1	0
0	1	0	0
0	1	1	1
0	0	0	0

图 6-2　感知器计算模型

由此可见，感知器由输入节点、输出节点和权重连接线组成，输出节点将输入节点取值乘以权重后加起来，然后和一个阈值 t 进行比较，决定输出 1 或 0。这里的 $I(z)$ 称为激活函数。

6.1.2　神经网络模型

由单个感知器构成的一个简单的决策模型只能处理线性可分问题，学习能力非常有限。对于大量的线性不可分问题，需考虑使用多层神经元，如图 6-3 所示，输入层与输出层之间的一层神经元被称为隐藏层。

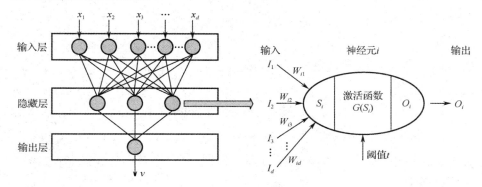

图 6-3　神经网络模型

图 6-3 中输入层接收外部输入，做出的判断作为隐藏层的输入，隐藏层的输出再作为输出层的输入，最后得到输出结果。每一层的节点数都可以根据需要设定。通常将每个节点的输出阈值 t 也称为偏置项。

神经元的激活函数有多种选择，前面使用的 $I(z)$ 是阶跃函数，实际中常用的激活函数还包括 sigmoid、tanh、relu 等。

$$y = g(\omega_1 x_1 + \omega_2 x_2 + \cdots + \omega_d x_d - t)$$

对于区间 $[-\infty, +\infty]$ 内的值，sigmoid 函数 $g(z) = \dfrac{1}{1 + \mathrm{e}^{-z}}$ 将其映射到区间 $[0,1]$ 上；tanh 函数

$g(z) = \dfrac{e^z - e^{-z}}{e^z + e^{-z}}$ 将其映射到区间 $[-1,1]$ 上；relu 函数 $g(z)=\max(0,x)$ 将其映射到区间 $[-1,+\infty]$ 上。

神经网络可以有多个隐藏层，每个隐藏层拥有若干个神经元，每层神经元与下一层神经元全连接，同层神经元之间不连接，也不存在跨层神经元连接。这样的结构也称为"多层前馈神经网络"。

神经网络可以用于非线性回归、分类等多种机器学习。分类时，如果是二分类问题，输出层只需要一个节点；如果是多分类问题就需要多个输出节点，每个节点对应一种类型，输出值表示属于该类型的概率。

神经网络的学习过程就是根据训练数据集来调整神经元之间的"连接权重"，以及每个神经元的偏置项（统称为神经网络的参数），使得最终输出层能够更好地拟合训练集的真实值。神经网络学习采用迭代的方法实现（如图 6-4 所示），需设定损失（目标）函数评价模型的拟合程度。初始时随机选择网络参数得到输出，然后计算损失值，将其作为反馈信号，对权重进行调节，以降低损失值。调节由优化器（Optimizer）实现，如采用误差反向传播（error BackPropagation，BP）算法。训练过程要重复足够多的次数，直到损失值达到最小或不再变小，最终获得网络参数模型。

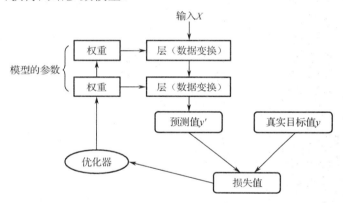

图 6-4　神经网络模型的参数训练过程

随着神经网络的神经元数量增大，训练神经网络所需要的数据量也大幅增加。网络模型学习的计算量和神经元数量的平方成正比，神经网络中的隐藏层越多，意味着网络模型训练所需的时间越长。因此，使用神经网络对数据集的规模、硬件设备的计算能力都有较高要求。

6.1.3　神经网络分类实现

scikit-learn 提供了神经网络的学习算法库，MLPClassifier 是一个基于多层前馈神经网络的分类器。模型初始化函数如下，其学习与性能评估函数与其他分类方法相同。

模型初始化：

```
mlp = MLPClassifier(solver,activation,hidden_layer_sizes,
                    alpha,max_iter,random_state,…)
```

参数说明：

solver：优化权重的算法，取值有{'lbfgs', 'sgd', 'adam'}，默认为'adam'。

activation：激活函数，取值有{'identity', 'logistic', 'tanh', 'relu'}，默认为'relu'。

hidden_layer_sizes：神经网络结构，表示为元组，其中元组中的第 n 个元素表示第 n 层的神经元个数。例如，(5,10,5)表示有 3 个隐藏层，每层的神经元个数分别为 5、10 和 5。

alpha：正则化惩罚项参数，默认为 0.0001。

max_iter：最大迭代次数，BP 算法的学习次数。

random_state：随机数种子。

【例 6-1】　使用神经网络实现鸢尾花数据集的分类分析。

根据鸢尾花实物，通过观察花的形状区分其类别并不容易，下面尝试根据花萼和花瓣的尺寸建立一个神经网络分类器模型来进行判别。

（1）从数据集中读取数据（方法与例 5-5 的相同，略），计算数据集中每种类别的样本数，并给出统计特征，统计结果如下。

```
print('每类花样本数：\n',data['class'].value_counts() )
print('每类花均值：\n',data.groupby('class').mean())
print('每类花方差：\n',data.groupby('class').var())
```

```
每类花样本数：
Iris-versicolor    50
Iris-virginica     50
Iris-setosa        50
Name: class, dtype: int64
每类花均值：
                 sepal length   sepal  width   petal length   petal width
class
Iris-setosa           5.006          3.418          1.464         0.244
Iris-versicolor       5.936          2.770          4.260         1.326
Iris-virginica        6.588          2.974          5.552         2.026
每类花方差：
                 sepal length   sepal  width   petal length   petal   width
class
Iris-setosa         0.124249       0.145180       0.030106       0.011494
Iris-versicolor     0.266433       0.098469       0.220816       0.039106
Iris-virginica      0.404343       0.104004       0.304588       0.075433
```

统计值表明，数据集中各类样本数均为 50，每类样本花瓣长度的均值和方差均存在较大差别，花瓣宽度的均值差别较大，花萼长度的方差差别较大。

（2）数据预处理，MLPClassifier 的分类器训练函数的值可以是整数，用于实现多分类。

```
data.loc[ data['class'] == 'Iris-setosa', 'class' ] = 0
data.loc[ data['class'] == 'Iris-versicolor', 'class' ] = 1
data.loc[ data['class'] == 'Iris-virginica', 'class' ] = 2
```

```
X = data.iloc[:,0:4]
y = data.iloc[:,4]
from sklearn import model_selection
X_train, X_test, y_train, y_test = model_selection.train_test_split(X,
            y, test_size=0.3, random_state=1)
```

（3）创建神经网络分类器，训练网络节点连接权重及偏置项。

```
from sklearn.neural_network import MLPClassifier
mlp = MLPClassifier(solver='lbfgs',alpha=1e-5,hidden_layer_sizes=(5,
            5), random_state=1)
mlp.fit(X_train,y_train)
mlp.score(X_test,y_test)
```

这里创建了一个有 2 个隐藏层的神经网络，每层有 5 个神经元。使用训练集得到的模型在测试集上的准确率可达到 100%。

（4）分类器性能评估。

```
from sklearn import metrics
y_predicted = mlp.predict(X_test)
print("Classification report for %s" % mlp)
print(metrics.classification_report(y_test, y_predicted) )
print( "Confusion matrix:\n", metrics.confusion_matrix(y_test,
        y_predicted) )
```

结果如下。

```
Classification report for MLPClassifier
            precision   recall  f1-score   support
        0       1.00      1.00      1.00        14
        1       1.00      1.00      1.00        18
        2       1.00      1.00      1.00        13
avg / total     1.00      1.00      1.00        45

Confusion matrix:
 [[14  0  0]
 [ 0 18  0]
 [ 0  0 13]]
```

注意，MLPClassifier 的分类性能与初始化时设定的参数密切相关，为了区别于神经网络模型中需要学习的参数，这些参数被称为超级参数。不同特性的数据集适用的超级参数是不同的，没有统一标准。很多时候需要进行反复尝试，甚至对参数空间进行网格化搜索，才能找到相对较优的参数集合，此过程被称为调参。

通常，solver 默认值'adam'在相对较大的数据集上效果较好（几千个样本或更多）；对于小数据集来说，'lbfgs'的收敛更快、效果也更好；选择'sgd'时，若相关参数调整较优则会有最佳表现，在测试集中性能下降较少。

神经网络模型的缺点在于解释器本身，无法解释权重和偏置项与数据特征之间的关系。在相同数据集上，需要的训练时间远远大于其他机器学习模型。

思考与练习

1. 调整 MLPClassifier 分类器的参数 solver，比较不同参数的模型在鸢尾花数据集上的分类性能。

2. 在 MLPClassifier 训练 fit()前后增加计时功能，设置不同隐藏层的数目，比较训练所耗费的时间，以及模型分类的准确性。针对 MLPClassifier 模型，分析是否节点越多分类性能就越好？

6.2 深度学习

6.2.1 深度学习的基本原理

20 世纪 90 年代，神经网络研究遇到了困境，除了速度慢，学习算法也遇到了梯度消失的问题。直到 2006 年，加拿大科学家 Hinton 与合作者发表了关于深度学习的论文，借助统计力学中"玻尔兹曼分布"的概念，改造了神经网络的学习机制。它的基本思想是先从输入的数据中进行预先训练，以发现数据自身的重要特征，根据提取的特征建立初始化的神经网络，然后再基于分类等标签进行学习，对网络参数进行微调，建模效果就会好很多。

深度学习的突破还得益于图形处理器（Graphics Processing Unit，GPU）的发展，GPU 提供了强大的计算能力，科学家开始构造拥有十多个隐藏层、数十亿个节点的深度神经网络来处理图像分类问题，大幅度提高了分类识别的准确率。如此大规模的神经网络意味着需要上千万样本数据训练网络和学习参数。大数据的发展也催生了深度学习的繁荣，深度学习技术已成为大数据分析处理最有效的技术之一。

从本质上来说，深度学习就是具有很多隐藏层（超过 1 层），并且每个隐藏层都具有很多节点的神经网络，如图 6-5 所示。其他的机器学习方法如决策树、SVM、朴素贝叶斯等，被称为浅层学习（Shallow Learning）方法，意味着仅通过学习一两层的数据来实现相关任务。

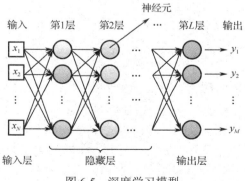

图 6-5 深度学习模型

基于深度学习技术实现有监督学习的任务时，构建的网络通常可以分为两部分，即特征提取和预测网络，如图 6-6 所示。

图 6-6 深度学习技术应用模式

特征提取部分由多层网络构成。根据不同领域数据的特性，研究人员构建了各种适应性的网络结构，以便更好地表征数据。例如，在图像、语音等领域使用的卷积神经网络（CNN）、YOLO、FCN 等，在文本、序列等领域使用的递归神经网络（RNN）、长短期记忆网络（LSTM）和 Transformer（Bert/XLnet、GPT-X）等。

预测网络部分则采用浅层神经网络或其他机器学习方法实现回归及分类任务。通常可遵循以下基本原则来构建。

（1）分类问题。

二分类问题指输出层只需要一个节点，采用 sigmoid 激活函数和 binary_crossentropy 损失函数。多分类问题指按照输出类型数设置输出节点数，每个节点的输出值表示输入数据属于该节点的概率值，总和为 1。输出层采用 softmax 激活函数和 categorical_crossentropy 损失函数。

（2）回归问题。

回归预测值是连续的，输出层只需要一个节点，该层若采用神经网络则无须激活函数，损失函数多采用线性回归的均方误差（MSE）。

如果数据集已经是结构化的数据，能够很好地表征问题，则无须再使用深度学习方法进行特征提取，直接采用浅层机器学习模型即可获得较好性能，且计算开销较小。

6.2.2 深度学习框架 Keras

Keras 是一个使用 Python 开发的多层神经网络 API（应用程序编程接口），能方便地以开源深度学习库，如 Google 的 Tensorflow、微软的 CNTK 等，作为后端运行。Keras 具有高度模块化、简单及可扩充等特性，支持简易和快速的原型设计。

Anaconda 集成环境中不包含 Keras，需要用户自行安装，同时需要安装后端，如 Tensorflow 等。

```
>>> pip install tensorflow
>>> pip install keras
```

注意，Tensorflow 分为 GPU 版本与 CPU 版本，默认安装 CPU 版本。如果计算机支持 GPU 版本，建议安装 GPU 版本，可提高神经网络的训练速度。

Keras 采用"模型"构建神经网络。序贯（Sequential）模型是简单的线性模型，由多个网络层按输入、输出顺序线性堆叠而成，只有一个输出。函数式（Functional）模型则在序贯模型的基础上，允许用户定义多输出、非循环有向或具有共享层的结构。基于 Keras

训练神经网络模型可以按照以下 3 个步骤进行（本书仅以序贯模型为例）。

安装指南

① 定义神经网络的结构，说明组成网络的层类型、参数；

② 定义神经网络的损失函数、优化器、性能评估指标，并编译模型；

③ 使用数据集训练模型、预测、性能分析。

1. Keras 模型常用层

基于 Keras 构建神经网络一般包括以下通用层。

（1）Dense 层：全连接层，其节点与下一层节点完全连接。

```
Dense(units, input_dim,…)
```

参数说明：

　　units：整数，输出维度。

　　input_dim：数据，输入维度，当 Dense 作为首层时，必须指定。

（2）Activation 层：激活层，对上一层的输出施加激活函数。常用的激活函数有 softmax、relu、tanh、sigmoid 等。

（3）Dropout 层：中断层，在训练过程中，每次更新参数时按照一定的概率，随机断开给定百分比（p）的输入神经元连接，用于防止过拟合。

2. Keras 模型常用函数

Keras 提供了神经网络模型编译、训练及性能评估的各类函数，使用方法如下。

（1）模型编译：

```
model.compile(loss, optimizer, metrics,…)
```

参数说明：

　　loss：损失函数，神经网络输出值与真实值之间的误差度量方法，有 mean_squared_error、hinge、
　　　　　categorical_crossentropy 等。

　　optimizer：优化器，神经网络的参数学习算法，有'SGD'、'RMSprop'、'Adagrad'、'Adam'等。

　　metrics：列表，给出所需的性能评估指标，如'accuracy'。

（2）模型训练：

```
model.fit(x,y, batch_size, epochs, verbose, validation_split,
          validation_data,…)
```

参数说明：

　　x：训练数据的输入 Numpy 数组。

　　y：训练数据的目标（输出）Numpy 数组。

　　batch_size：整数，网络梯度更新的样本数，默认值为 32。

　　epochs：整数，训练模型的迭代次数。

　　verbose：日志显示方式，0 表示不输出，1 表示显示进度条，2 表示每次迭代输出一行。

validation_split：　0～1，用于验证集的训练数据比例，验证集不参与训练。

validation_data：元组(x_val, y_vale)，指定验证集。

（3）模型评估：

```
model.evaluate(x_test,y_test,verbose,…)
```

返回模型指定的 loss 和 metric。

（4）模型预测：

```
model.predict(x_test,verbose,…)
```

为样本生成输出，如果是分类问题，则返回样本属于每个分类的预测概率。

```
model.predict_classes(x_test,verbose,…)
```

仅用于序贯模型，为样本预测分类并输出分类标签值。

6.2.3　深度学习建模分析实例

【例 6-2】　构建深度神经网络，为鸢尾花数据集训练分类器模型。

鸢尾花数据集共有 4 个特征项，标签有 3 类，因此，构建的神经网络输入层维度为 4，输出层维度为 3。考虑构建两个有 16 个节点的隐藏层，如图 6-7 所示，隐藏层采用的激活函数为 relu。

建模实例

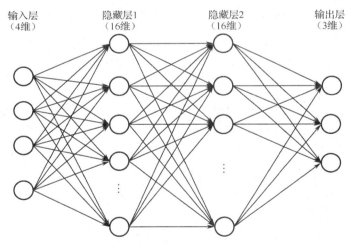

图 6-7　用于鸢尾花分类的神经网络结构

（1）堆叠神经网络层构建神经网络模型，并编译它。

```
from keras.models import Sequential
from keras.layers import Dense, Activation

# 定义模型结构
model = Sequential()
```

```
model.add(Dense(units=16, input_dim=4))
model.add(Activation('relu'))
model.add(Dense(16))
model.add(Activation('relu'))
model.add(Dense(3))
model.add(Activation('softmax'))
#定义模型损失函数和优化器，并编译
model.compile(loss='categorical_crossentropy', optimizer='adam',
              metrics=["accuracy"])
```

（2）使用例 6-1 预处理后的数据生成训练集和测试集。

```
#预处理代码见例 6-1，此处省略
x_train, x_test, y_train, y_test=train_test_split(X, y, train_size=0.8,
      test_size=0.2, random_state=0)

#Keras 多分类问题需要将类型转化为独热矩阵
#与 pd.get_dummies()作用一致,但只能用于数值型数据
from keras.utils import np_utils
y_train_ohe = np_utils.to_categorical(y_train, num_classes = 3)
y_test_ohe = np_utils.to_categorical(y_test, num_classes = 3)
```

（3）使用训练集训练模型，并采用测试集评估模型性能。

```
#训练模型
model.fit(x_train, y_train_ohe, epochs=20, batch_size=1, verbose=2,
validation_data=(x_test,y_test_ohe))
# 评估模型
loss, accuracy = model.evaluate(x_test, y_test_ohe, verbose=2)
print('loss = {},accuracy = {} '.format(loss,accuracy) )
```

（4）查看预测结果。

```
prob = model.predict(x_test, verbose=2)
classes = model.predict_classes(x_test, verbose=2)
print('测试样本数: ',len(classes))
print("分类概率:\n",prob)
print("分类结果: \n",classes)

#Keras 不直接提供分类性能报告,可使用 sklearn.metrics 提供的功能
from sklearn.metrics import classification_report
print( classification_report(y_test,classes) )
```

　　将样本输入分类器，模型输出样本属于每种类别的概率及所属分类。输出显示构建的分类器在鸢尾花测试集上的准确率为 100%。

综合练习题

1. 为葡萄酒数据集（wine.data）建立决策树、随机森林和神经网络等多种分类器模型，比较各种分类器在此数据集上的性能。

【提示】 每种分类器需要先对参数进行尝试，找出此种分类算法的较优模型，再与其他分类器的性能进行比较。

2. 基于 Keras 建立深度神经网络，为葡萄酒数据集训练分类器，比较不同规模神经网络模型的参数个数、训练时间和分类性能。

第7章

文本数据处理

互联网的飞速发展使网络数据呈现爆发性增长，其中 80% 的信息是以文本形式存放的。新闻网站、自媒体、移动终端每天都在产生海量的文本数据，如何从海量文档中发现并有效利用知识成为人工智能的热点研究方向。虽然目前计算机还不具备理解自然语言文本的能力，但近年来利用统计模型从文本中发现知识取得了显著的进展，在知识检索、舆论监控、了解用户偏好和人机对话等方面获得了广泛的应用。本章将介绍文本数据处理的基本方法，以及利用第三方库分析文本数据的方法。

7.1 文本处理概述

7.1.1 文本处理的常见任务

为了满足不同场景文本数据应用的需求，通常将文本数据处理分解为各种任务，每种任务都有具体的目标、相应的处理方法和技术。常见任务包括文本分类、信息检索、信息抽取、自动问答、机器翻译、自动摘要等，实际应用时通常需要集成多种任务来实现。

1. 文本分类（Text Categorization）

文本分类指按照一定的分类体系，将文档判别为预定若干类中的某一类或某几类。典型的文本分类应用包括垃圾邮件短信分类、新闻分类、网页分类、情感分析等。

识别垃圾邮件是邮箱系统的重要功能。通常把邮件分为两类，即正常邮件和垃圾邮件。当邮箱系统收到一封邮件时，先从邮件的发件人、收件人、标题、附件、邮件正文等文本中提取特征，自动判断其是否为垃圾邮件，然后对应地放入用户的垃圾箱或收件箱。

2. 信息检索（Information Retrieval，IR）

信息检索指将信息（这里指代文本）按一定的方式组织起来，根据用户的需求将相关信息查找出来。信息检索的目标是准确、及时、全面地获取所需信息。

搜索引擎是典型的信息检索应用，通过谷歌、百度等搜索引擎收集互联网上的网页文本，并对文本中的词建立索引。当用户查询时，搜索引擎先将查询内容分割为关键词，检索出所有包含这些词的网页，再计算网页和查询内容的相关度，并排序展示。

3. 信息抽取（Information Extraction，IE）

信息抽取指将文本中包含的结构化或非结构化的信息抽取出来，组织成类似表格的形式。信息抽取只关心文本中的特定信息而不是理解全文。

实体关系抽取是其中重要的子任务，主要目的是从文本中识别人、物、地点等实体，并抽取实体之间的语义关系。例如，从句子"任正非创办了华为公司"中可抽取出实体对（任正非，华为公司），关系为"创始人"。

4. 自动问答（Question Answering，QA）

自动问答是信息检索的一种高级形式，它能用准确、简洁的自然语言回答用户以文本形式提出的问题，是目前研究与应用的热点。许多网站和电商都开始提供智能问答机器人的服务，搜索引擎中也开始具备一定的问答能力，如搜索"李白作品"，结果如图 7-1 所示。

图 7-1　搜索引擎提供的问答功能

5. 机器翻译（Machine Translation）

机器翻译指将一种自然语言文本自动转换为另一种自然语言文本，它是人工智能的终极目标之一，同时又具有重要的实用价值。目前已有大量的翻译工具，包括谷歌翻译、百度翻译、必应翻译、有道翻译等。翻译结果已具有一定的实用性。

6. 自动摘要（Automatic Summarization）

自动摘要指从一份或多份文本中提取出部分文字，它包含了原文本中的重要信息，且长度不超过或远少于原文本的一半。自动文本摘要可用于自动报告生成、新闻标题生成、搜索结果预览等很多实际场景。

尽管自动文本摘要的应用需求很广，但研究成果距离广泛的应用还存在差距。对于计算机来说，阅读理解原文本，并根据轻重缓急对内容进行取舍、裁剪和拼接，最后生成流畅的短文本，还是比较困难的事情。

7.1.2　文本处理的基本步骤

虽然不同的文本处理任务使用的方法不尽相同，但文本数据处理的基本流程和方法是一致的，通常包括文本采集、文本预处理、特征提取与特征选择、序列建模分析等步骤，如图 7-2 所示。

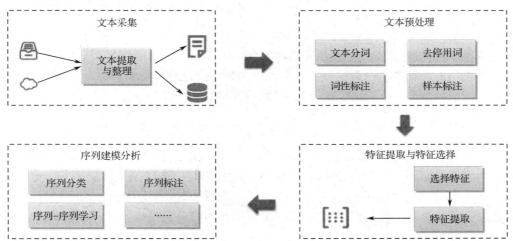

图 7-2　文本处理的基本步骤

1．文本采集

文本数据有些是经过整理的文献资料，更多的是来自网页的文本。网页数据通常是利用爬虫工具从相关的网站中爬取出来的。爬虫有主题爬虫和通用爬虫，用户还可以根据需要对爬虫进行定制。网页中包含很多与文本内容无关的数据，如导航、HTML/XML 格式标签、JS 代码、广告、注释等都需要去掉。少量的非文本内容可以直接用 Python 的正则表达式来删除。复杂的网页可以使用 Python 的开源库 BeautifulSoup 来提取有效文本数据。对于整理干净的文本，根据任务的需求可按照篇章、段落、句子等不同级别编号后保存到数据库或文本文件中。

2．文本预处理

文本预处理包括文本分词、去停用词、词性标注和样本标注等。

文本数据分析的最小单位是词语，有些语言文本句子中没有词语分割的标记，如中文、日文等，分析前就需要先进行词语切分。

去停用词的目的是删除那些对文本特征没有任何贡献的词语，如"的"、"地"、"啊"和一些标点符号等。除常规的停用词外，还可以根据应用的领域、分析目标等添加相应的停用词。分词工具通常都提供停用词库，用户可以进行编辑。

词性用来描述一个词在上下文中的作用，如描述一个概念的是名词，在下文引用这个名词的词叫代词。标有词性的词能够为句子的后续处理带来更多的有用信息。通常的文本处理工具包都提供词性标注功能，不过某些文本处理任务不一定需要词性信息。

由于语言上下文的关联、词的多意性和多用途，目前文本分词和词性标注都还不可能完全准确，存在一定的错误。

根据分析任务的不同，还需要通过人工或半自动化的方法对文档集进行标注，获得带有任务结果标签的数据集，才能用于后面的建模分析。

3. 特征提取与特征选择

文本预处理后就可以将文本转为特征表示集合，包括词频、词性、词上下文及词位置等，具体选用的特征通常会根据文本处理的任务来选择。这些特征按照某种模型被转换为向量数据，以便后面进行建模分析，常用的有词袋模型、主题模型及词向量模型等。

4. 序列建模分析

文本集被转化为向量数据后就可以选用适当的算法进行建模，完成相应的文本分析任务。文本数据可以视为由字符、词按照顺序组成的序列。目前常用的有序列分类、序列标注，以及序列-序列学习等模型。序列分类的典型任务包括文本分类和关系抽取等，序列标注的典型任务是命名实体识别，序列-序列学习的典型任务包括机器翻译、自动摘要等。

思考与练习

查找资料，了解中文与英文的语言特点，以及用计算机处理中文更困难的原因。

7.2 中文文本处理

目前，英文文本处理工具相对比较成熟。常用的有 Python 的 NLTK 及工业级 Spacy 等工具包。它们可提供自然语言的基本处理功能，包括词性分析、语法分析、实体识别、依存关系分析和文本分类等，不过这些工具包对于中文的支持效果差一些。中文的语言学特性与英文的差别较大，处理的难度也更大。很多成熟的印欧语系分析模型，如果直接迁移到中文文本上，分析效果无法满足使用要求。因此国内很多高校、科研院所、企业都针对中文处理展开研究，并公开了相关的研究成果，提供可开源使用的开发包。下面对中文文本处理的实现方法进行介绍。

7.2.1 中文分词

词是最小的能够独立活动的有意义的语言单元，英文单词之间以空格作为自然分界符，而中文以字为基本书写单位，词语之间没有明确的区分标记。为了理解中文语义，首先需要将句子划分为以词为基本单位的词串，这就是中文分词（Chinese Word Segmentation）。中文分词将连续的字序列按照一定的规范重新组合成词序列。现有的中文分词方法主要分为两种：一种是基于词典的分词方法，将句子按照一定的策略与词典进行匹配识别；另一种是基于统计的分词方法，统计文档中上下文相邻的字联合出现的概率，将概率高的识别为词。

Python 的中文分词工具包比较多，包括 jieba、THULAC、HanLP、LTP、FNLP 等。不同的分词库效果有所不同，用户可根据实际应用选择适合的工具。下面以 jieba 库为例，介绍分词的实现过程。

jieba 库的分词基于一个中文的机器词典实现，也支持繁体分词和用户自定义词典。jieba 库提供 3 种分词模式。

（1）精确模式。试图将句子精确地切开，适合文本分析。

（2）全模式。把句子中所有可以成词的词语都扫描出来，速度非常快，但不能解决歧义问题。

（3）搜索引擎模式。在精确模式的基础上，对长词再次切分，提高召回率，适用于搜索引擎分词。

其分词函数如表 7-1 所示。

表 7-1　jieba 库分词函数

函　　数	参　数　说　明
cut(sentence, cut_all=False, HMM=True)	sentence：待分词的字符串；cut_all：是否采用全模式；HMM：是否使用 HMM 模型。返回可迭代的 generator。支持精确模式和全模式
cut_for_search(sentence, HMM=True)	sentence：待分词的字符串；HMM：是否使用 HMM 模型。返回可迭代的 generator。该方法为搜索引擎模式，适用于建立搜索引擎构建倒排索引，粒度比较细
lcut(sentence, cut_all=False, HMM=True)	与 cut 函数类似，直接返回词列表
lcut_for_search(sentence, HMM=True)	与 cut_for_search 函数类似，直接返回词列表

【例 7-1】　将文本句子"如何成为一名优秀的数据分析师"进行分词。

```
>>> import jieba
>>> jieba.lcut("如何成为一名优秀的数据分析师")
['如何', '成为', '一名', '优秀', '的', '数据', '分析师']
>>> jieba.lcut("如何成为一名优秀的数据分析师", cut_all = True)
['如何', '成为', '一名', '名优', '优秀', '的', '数据', '数据分析', '分析', '分析师']
>>> jieba.lcut_for_search("如何成为一名优秀的数据分析师")
['如何', '成为', '一名', '优秀', '的', '数据', '分析', '分析师']
```

7.2.2　词性标注

词性（Part of Speech）是词汇基本的语法属性。词性标注为分词得到的每个单词标注正确的词性，如名词、动词、形容词、代词等。词性标注通常和分词同时完成，不同分词工具使用的标签略有不同。例如，jieba 词性标注时，使用了一个包含 99 个标签的集合（由中科院计算所 ictclas 给出）。标签集按树状结构分为 3 个层级，第 1 个层级包括 22 个标签，第 2 个层级包括 66 个标签，第 3 个层级包含 11 个标签。例如，"名词"是一类词性，下面包括 6 个二类及 5 个三类词性，如图 7-3 所示。

```
n 名词
    nr 人名
        nr1 汉语姓氏
        nr2 汉语名字
        nrj 日语人名
        nrf 音译人名
    ns 地名
        nsf 音译地名
    nt 机构团体名
    nz 其他专名
    nl 名词性惯用语
    ng 名词性语素
```

图 7-3　名词词性分类

更多标签集详见官方文档。

jieba 的 posseg 类实现词性标注，提供的 cut() 和 lcut() 在分词的同时能识别每个词的词性。

【例 7-2】 显示例 7-1 文本分词后每个词的词性。

引入 jieba 的 posseg 类并重命名为 pseg，cut() 返回一个用于迭代的 generator（生成器），可以通过 for 循环显示每个词对应的 word（词语）、tag（词性标签）。

```
>>> import jieba.posseg as pseg
>>> words = pseg.cut("如何成为一名优秀的数据分析师")
>>> for word, tag in words:
        print( 'word:{}, tag:{}'.format(word, tag) )

word:如何, tag:r
word:成为, tag:v
word:一名, tag:m
word:优秀, tag:a
word:的, tag:uj
word:数据, tag:n
word:分析师, tag:n
```

7.2.3 特征提取

对于文本数据计算机无法直接处理，需要先将其数字化。特征提取的目的是将文本字符串转换为数字特征向量（简称特征）。常用的模型包括词袋模型、TF-IDF 模型和词向量模型。

1. 词袋模型

词袋（Bag of Words）模型的基本思想是将一条文本仅看作一些独立的词语的集合，忽略文本的词序、语法和句法。简单地说，就是将每条文本都看成一个袋子，里面装的都是词，称为词袋，后续分析时就用袋子里的词代表该文本。

建立词袋模型。首先需要对文档集中的文本进行分词，统计在所有文本中出现的词，构建整个文档集的词典（假设词典长度为 n），为每个词赋予序号；然后为每条文本生成长度为 n 的一维向量，每个元素的值为词典中该序号的词在此文本中出现的次数。

【例 7-3】 文档集包含以下 3 条文本，提取文档集的词袋模型特征。

句子 1："我是中国人，我爱中国"

句子 2："我是上海人"

句子 3："我住在上海松江大学城"

（1）分词，3 条文本的分词结果如下，"/"表示词的分割。

句子 1："我/是/中国/人/，/我/爱/中国"

句子 2："我/是/上海/人"

句子 3："我/住/在/上海/松江/大学城"

（2）构造文档集词典 dictionary。将所有文本中出现的词拼接起来，去除重复词、标点符号后，得到包含 10 个单词的词典如下。

> { '上海':0, '中国':1, '人':2, '住':3, '在':4, '大学城':5, '我':6, '是':7,
> '松江':8, '爱':9 }

词典中，词是键，值是该词的序号，词的序号与其在句子中出现的顺序没有关联。

（3）根据文档集词典，计算每条文本的特征向量，即生成词袋。每条文本均被表示成长度为 10 的向量，其中第 i 个元素表示词典中值为 i 的单词在句子中出现的次数。

句子 1：[0 2 1 0 0 0 2 1 0 1]

句子 2：[1 0 1 0 0 0 1 1 0 0]

句子 3：[1 0 0 1 1 1 1 0 1 0]

为每条文本生成词袋可使用 scikit-learn 工具包提供的 feature_extraction.text 模块的 CountVectorizer 类，其相关函数如下。

词袋模型初始化：

```
cv = CountVectorizer(token_pattern)
```

生成词袋：

```
cv_fit = cv.fit_transform(split_corpus)
```

参数说明：

token_pattern：token 模式的正则表达式，默认为两个及以上字符数的 token。

split_corpus：分词列表。

下面给出实现此过程的完整代码。

```
from sklearn.feature_extraction.text import CountVectorizer
import jieba
#给出文档集，放在字符串列表中
corpus = [
    "我是中国人，我爱中国",
    "我是上海人",
    "我住在上海松江大学城"
    ]
split_corpus = []  #初始化存储 jieba 分词后的列表
#循环为 corpus 中的每个字符串分词
for txt in corpus:
    #将 jieba 分词后的字符串列表拼接为一个字符串，元素之间用" "分割
    words = " ".join(jieba.lcut(txt))  #分词得到的列表
    split_corpus.append(words)  #将分词结果字符串添加到列表中
print(split_corpus)
#生成词袋
cv = CountVectorizer()
cv_fit=cv.fit_transform(split_corpus)
```

```
print(cv.get_feature_names())  #显示特征词列表
print(cv_fit.toarray())  #显示特征向量
```

程序对每个句子进行分词，将词用空格连接后拼为一个字符串放入 split_corpus 列表中。

['我 是 中国 人 ， 我 爱 中国', '我 是 上海 人', '我 住 在 上海 松江 大学城']

cv.get_feature_names()给出文档词典，即特征词列表。

['上海', '中国', '大学城', '松江']

最后，每个句子都被转化为如下特征向量。

```
[[0 2 0 0]
 [1 0 0 0]
 [1 0 1 1]]
```

这时得到的文档词典只包含 4 个词语，这是由于 CountVectorizer()在默认情况下只将字符数大于 1 的词作为特征词，所以"人""住"等特征词均被过滤掉了。若保留这些特征词，则修改 token_pattern 的参数值，将默认值"(?u)\b\w\w+\b"修改为"(?u)\b\w+\b"。

```
#修改 token_pattern 默认参数
cv = CountVectorizer(token_pattern=r"(?u)\b\w+\b")
```

修改后即可得到包含所有词的特征词列表。

['上海', '中国', '人', '住', '在', '大学城', '我', '是', '松江', '爱']

这时每个句子都被转化为 10 维的特征向量。

```
[[0 2 1 0 0 0 2 1 0 1]
 [1 0 1 0 0 0 1 1 0 0]
 [1 0 0 1 1 1 1 0 1 0]]
```

2. TF-IDF 模型

TF-IDF 是一种特殊的词袋模型，它将每个特征词在句子中出现的次数替换为 TF-IDF 值。它表示"词频-逆文档频率"，用于评估一个词对于一篇文档的重要程度，计算方法如下：

$$TF\text{-}IDF = TF \times IDF$$

式中，$TF = \dfrac{\text{该词在文档中出现的次数}}{\text{文档中总词数}}$，$IDF = \log\left(\dfrac{\text{文档集中文档总数}}{\text{文档集中包含该词的文档数}}\right)$。

如果某个词在某文档中出现多次则 TF 值较高，说明该词可能比较重要，也有可能是文档常用词，如停用词"的""是""在"等，应降低其在文档特征表示中的权重。逆文档频率 IDF 是词语普遍重要性的度量，如停用词的 IDF 值会很低。如果词语在某个特定文档中是高频词，且该词语在整个文档集中出现的频率较低，则 TF-IDF 值较高。因此，TF-IDF 模型倾向于过滤掉在所有文档中都常见的词语，保留文档独特、重要的词语。

在 scikit-learn 中，有两种方法可计算 TF-IDF 值：第一种方法是用 CountVectorizer 类向量化之后再调用 TfidfTransformer 类；第二种方法是直接用 TfidfVectorizer 类完成向量化与 TF-IDF 值的计算。

【例 7-4】　使用例 7-3 中的文档集，提取 TF-IDF 模型特征。

（1）使用 feature_extraction.text 模块的 TfidfTransformer 类，代码如下。

```
#在例 7-3 的代码后添加以下代码
from sklearn.feature_extraction.text import TfidfTransformer
#将文本词袋特征表示转化为 TF-IDF 值
tfidf_transformer = TfidfTransfomer()
tfidf_fit = tfidf_transformer.fit_transform(cv_fit)
print(tfidf_fit.toarray())    #显示 TF-IDF 模型特征
```

文档集中 3 条文本的 TF-IDF 模型特征如下。

```
[[0.          0.72777291  0.27674503  0.          0.          0.          0.42983441  0.27674503  0.          0.36388646  ]
 [0.52682017  0.          0.52682017  0.          0.          0.          0.40912286  0.52682017  0.          0.          ]
 [0.34261996  0.          0.          0.45050407  0.45050407  0.45050407  0.26607496  0.          0.45050407  0.          ]]
```

（2）直接使用 feature_extraction.text 模块的 TfidfVectorizer 类，代码如下。

```
from sklearn.feature_extraction.text import TfidfVectorizer
#直接用分词后得到的列表计算 TF-IDF 值
tfidf = TfidfVectorizer(token_pattern=r"(?u)\b\w+\b")
tfidf_fit=tfidf.fit_transform(split_corpus)
print(tfidf_fit.toarray()  #显示 TF-IDF 模型特征
```

两种方法得到的 TF-IDF 模型特征是一致的。

3. 词向量模型

词袋模型仅用句子中出现的词表征文本，丢失了词的上下文语境、语义等信息。词向量模型将一条文本看作一个独立词语的序列，每个词语用一组向量表示。

假设例 7-3 的文档集词典中每个词都用一个三维向量表示。

上海[0.1,0.2,0.3]，　中国[0.8,0.3,0.1]，人[0.6,0.4,0.2]，住[0.8,0.9,0.2]，在[0.4,0.7,0.1]

大学城[0.6,0.6,0.2]，我[0.6,0.1,0.8]，是[0.1,0.9,0.1]，松江[0.7,0.7,0.7]，爱[0.4,0.5,0.6]

3 个句子使用词向量模型就可以表示如下。

句子 1：[[0.6,0.1,0.8],[0.1,0.9,0.1], [0.8,0.3,0.1], [0.6,0.4,0.2],…]

句子 2：[[0.6,0.1,0.8],[0.1,0.9,0.1], [0.1,0.2,0.3], [0.6,0.4,0.2], …]

句子 3：[[0.6,0.1,0.8], [0.8,0.9,0.2], [0.4,0.7,0.1], [0.1,0.2,0.3],…]

词向量模型综合考虑文本的词序、语法和句法等因素，将每个词/句子转化为一个稠密的向量（也被称为词嵌入），转化的目标是使相似的词/句子具有相似的向量表示，以便发现词和句子之间的关系。

目前还没有找到理想的词向量空间，使其适用于所有领域的自然语言，同样的词在不同的任务中语义是有区别的。可以考虑让每个新任务都学习一个独立的嵌入空间，也就是使用深度神经网络在完成主任务的同时学习嵌入空间。

深度神经网络参数较多，通常需要大量与任务相关的文本数据进行训练，才能获得较好的词向量。在实际应用中，通常将公开的词向量加载到任务模型中，使用较少的任务数据对模型进行微调后即可获得更适合该领域的文本表示。现有的词向量均通过大规模的语料预训练获得，如维基百科、百度百科、华尔街日报、人民日报的语料库等。在使用预训练的词向量时，注意根据处理文本的语言下载正确语言版本的词向量。

深度学习框架提供了基于词嵌入实现文本处理任务的方法，在 7.3.3 节将结合垃圾邮件实例进行介绍。

思考与练习

1．在例 7-3 的文档集中添加两条文本："松江大学城有很多大学"和"大学城共有 15 余万名大学生"。计算文档集中每条文本的词袋和 TF-IDF 模型特征的表示。

2．比较第 1 题中的词向量与例 7-3 中的词向量，看看是否一致，并说明原因。

7.3　案例：垃圾邮件的识别

垃圾邮件的识别率是衡量一个电子邮件系统服务质量的重要指标之一。识别垃圾邮件有很多种技术，包括关键词识别、IP 黑白名单、分类算法、反向 DNS 查找、意图分析、URL 链接等，其中使用分类算法识别垃圾邮件是目前常用的方法，识别效果比较理想。它首先收集大量的垃圾邮件和非垃圾邮件，建立垃圾邮件库和非垃圾邮件库，然后提取其中的特征，训练分类模型。邮箱系统运行时，利用分类模型对收到的邮件进行甄别。

本节主要介绍如何利用邮件正文文本特征实现邮件分类，采用第 5 章介绍的分类分析方法实现。在实际应用中，还会采集邮件的发件人、收件人、标题、URL 链接及附件类型等作为邮件特征，一起训练分类算法。

7.3.1　数据来源

本实例使用的邮件来自 TREC06C 数据集，由 TREC（Text REtrieval Conference）国际文本信息检索会议提供，是目前研究实验使用最多的中文垃圾邮件分类数据集。TREC06C 数据集包含 64620 封邮件，其中正常邮件有 21766 封，垃圾邮件有 42854 封。

TREC06C 数据集将每封邮件保存为一个单独文件，包含发件人、收件人、标题、正文及附件等完整信息（如图 7-4 所示），另外用一个 index 文件保存记录所有邮件的类别，即垃圾邮件（Spam）和正常邮件（Ham）。本例只利用邮件正文判别垃圾邮件，需要对邮件做预处理，如提取邮件正文、去掉换行符、多余空格等。

```
Received: from chinachewang.com ([59.40.17.139])
        by spam-gw.ccert.edu.cn (MIMEDefang) with ESMTP id j8ON3BFb028346
        for <ling@ccert.edu.cn>; Mon, 26 Sep 2005 03:21:43 +0800 (CST)
Message-ID: <200509250703.j8ON3BFb028346@spam-gw.ccert.edu.cn>
From: ni@chinachewang.com
Subject: =?gb2312?B?tPrA7dK1zvE=?=
To: ling@ccert.edu.cn
Content-Type: text/plain;charset="GB2312"
Content-Transfer-Encoding: 8bit
Reply-To: ni@chinachewang.com
Date: Mon, 26 Sep 2005 03:33:06 +0800
X-Priority: 2
X-Mailer: Microsoft Outlook Express 5.50.4133.2400

您好：

```

图 7-4　TREC06C 数据集中的邮件格式

本例从 TREC06C 数据集中随机选取了 5000 封垃圾邮件和 5000 封正常邮件，预处理后得到 10000 条文本保存到 mailcorpus.txt 文件中（编码格式为 UTF-8），每封邮件的正文在文件中保存为一行文本，其中前 5000 条为垃圾邮件的正文，后 5000 条为正常邮件的正文。mailcorpus.txt 文件格式如图 7-5 所示。

```
mailcorpus.txt
1  有情之人，天天是节。一句寒暖，一线相喧；一句叮咛，一笺相传；一份相思，
   一心相盼；一份爱意，一生相恋。 搜寻201:::http://201.855.com
   在此祝大家七夕情人节快乐！搜寻201友情提示:::
   2005年七夕情人节：8月11日—别忘了给她（他）送祝福哦！
2  我公司是一家实业贸易定税企业；有余额票向外开
   费用相对较低，此操作方式可以为贵公司（工厂） 节约部分税金。
   公司本着互利互惠的原则,真诚期待你的来电!!! 联系：王先生   TEL: --13528886061
3  本公司有部分普通发票（商品销售发票）增值税发票及海关代征增值税专用缴款书及其他服务行
   业发票,
   公路、内河运输发票。可以以低税率为贵公司代开，本公司具有内、外贸生意实力，保证我公司
   开具的票据的真实性。 希望可以合作!共同发展!敬候您的来电洽谈、咨询!
   联系人：李先生      联系电话：13632588281 如有打扰望谅解，祝商琪。
4  来京记得找我啊 我社为您提供优惠的旅游价格，如酒店、机票、火车票、北京地接
   在线咨询：QQ:305652179,欢迎您留言 MSN：yezikao8855@hotmail.com
   邮件回复：yezikao8855@163.com 这是一封广告信，由此给您带来不便请谅解 2005-8-19
5  中信（国际）电子科技有限公司推出新产品：
   升职步步高、做生意发大财、详情进入网址：
   http://www.usa5588.com/ccc 电话：020-33770208   服务热线：013650852999
6  您好！
   我公司可代开商品销售、运输业、建筑安装业、广告业、服务业等发票，税务局验后付款。
   联系人：关先生 电话： 13430724013
```

图 7-5　mailcorpus.txt 文件格式

7.3.2　基于词袋模型识别垃圾邮件

机器学习的分类算法要求将数据集表示为特征矩阵，矩阵每行表示一条文本的特征向量。这里特征使用词袋模型或 TF-IDF 模型进行提取，得到 $m \times n$ 矩阵 $\boldsymbol{X}$，其中 m 为 10 000，n 为文本集的词典词条数目。垃圾邮件识别是二分类问题，分类标签 y 长度为 m，元素值为 0（垃圾）或 1（正常）。

垃圾邮件识别

（1）从文件中读出邮件内容，存放在列表中。

```
import jieba
from sklearn.feature_extraction.text import CountVectorizer
```

```
#从文件中读取文本，放入列表中
train_file = open("data\mailcorpus.txt", 'r', encoding = "utf-8")
corpus = train_file.readlines()    #列表中的一个元素为一行文本
```

（2）使用 jieba 进行中文分词，将每个中文字符串转换为用空格分隔的词。

```
split_corpus = []
for txt in corpus:
    split_corpus.append( " ".join(jieba.lcut(txt)) )
```

（3）使用词袋模型提取特征，得到文本的特征向量。

```
cv = CountVectorizer(token_pattern=r"(?u)\b\w+\b")
X = cv.fit_transform(split_corpus).toarray()
#构造分类标签，垃圾邮件的标签为 0，正常邮件的标签为 1
y = [0]*5000 + [1]*5000
```

（4）将数据集随机切分为训练集和测试集（40%），采用 SVM 算法训练分类模型。

```
from sklearn import model_selection
from sklearn import svm
from sklearn import metrics
#将数据集分为训练集和测试集
X_train, X_test, y_train, y_test = model_selection.train_test_split(X,
        y, test_size=0.4, random_state = 0)

#使用 SVM 算法训练分类模型
svm = svm.SVC(kernel='rbf', gamma=0.7, C = 1.0)
svm.fit(X_train, y_train)
```

（5）在测试集上检验模型性能。

```
y_pred_svm = svm.predict(X_test)
print("SVM accuracy:\n",svm.score(X_test, y_test))
print("SVM report:\n",metrics.classification_report(y_test,
        y_pred_svm))
print("SVM matrix:\n",metrics.confusion_matrix(y_test, y_pred_svm))
```

使用 SVM 模型在训练集上进行学习，得到的分类模型用于测试集取得了 92.5% 的准确率，精确率和召回率如下所示。

	precision	recall	f1-score	support
0	1.00	0.85	0.92	1993
1	0.87	1.00	0.93	2007
avg / total	0.93	0.93	0.92	4000

其中垃圾邮件识别的精确率是 100%，召回率是 85%，说明有 15% 的垃圾邮件未能被

识别出来。

由于 SVM 模型训练文本数据需要的时间较长，也可以换用其他分类模型，如使用朴素贝叶斯（sklearn.naive_bayes. GaussianNB）的训练时间可极大缩短，保持垃圾邮件的识别精确率为 100%，且能将召回率提升到 98%。

7.3.3　基于词向量模型识别垃圾邮件

词向量模型也称为词嵌入（Word Embedding）模型，主要用于深度神经网络，将其作为句子的表征层引入。Keras 框架中提供 Embedding 层学习词的嵌入，可以将 Embedding 层理解为一个词典，输入整数索引（对应词典中的词），在词典中查找其关联的词向量。

每个词表示为一个 Embedding_dim 维向量，为了将文档集中所有文本均表示为固定大小的二维张量，通常需设定最大长度 input_length，文本中超过 input_length 长度的词会被忽略，长度不足的词会自动用 0 填充。

Embedding 层初始化：

```
embedding_layer = Embedding(input_dim,output_dim,
                   embeddings_initializer, input_length, trainable,…)
```

参数说明：

    input_dim：输入文本的数目。

    output_dim：词向量的维度。

    embeddings_initializer：初始化词向量，默认随机赋值。

    input_length：最大长度。

    trainable：设置 Embedding 层是否参与训练，默认值为 True。

Embedding 层输入二维整数张量(samples, maxlen)，返回形状为(samples, maxlen, embedding_dim)的三维浮点数张量，也就是使用 Embedding 层获得所有样本的特征表示，然后将其作为后序的前馈全连接层的输入实现分类，具体步骤如下。

（1）从文件中读入邮件内容，其中分词同 7.3.2 节的步骤（1）、步骤（2）。

（2）为所有文本生成词典，保留高频词。

```
from keras.preprocessing.text import Tokenizer
import numpy as np

maxlen = 100  # 将每个邮件限定长度为 100，多余的词截掉
max_words = 10000  # 只使用词频最高的 10 000 个词，建立词典

#将邮件文本转换为 token
tokenizer = Tokenizer(num_words=max_words)
tokenizer.fit_on_texts(split_corpus)
#词典的总长度
word_index = tokenizer.word_index
print('Found %s unique tokens.' % len(word_index))
```

（3）将 10 000 条邮件文本转化为二维张量，其中的值为文本中每个词在词典中的编号。

```
#每条邮件文本被转化为词列表，其中的值为每个词的编号
sequences = tokenizer.texts_to_sequences(split_corpus)
print('sample text:', sequences[0])

from keras.preprocessing.sequence import pad_sequences
data = pad_sequences(sequences, maxlen=maxlen)
```

（4）定义分类标签，划分训练集和测试集。

```
#二分类问题，分类标签为10000*1 的二维 numpy 数组
label0 = np.zeros( (5000,1) ).astype(int)
label1 = np.ones( (5000,1) ).astype(int)
labels = np.append(label0,label1, axis =0) #数组拼接
print('Shape of data tensor:', data.shape)
print('Shape of label tensor:', labels.shape)

from sklearn import model_selection
X_train, X_test, y_train, y_test = model_selection.train_test_split
                (data, labels, test_size=0.3, random_state = 0)
```

（5）使用 Keras 定义神经网络模型。

```
from keras.models import Sequential
from keras.layers import Embedding, Flatten, Dense
embedding_dim = 8

model = Sequential()
#为模型添加 Embedding 层
model.add(Embedding(max_words, embedding_dim, input_length=maxlen))
#将三维张量转化为(samples, maxlen*embedding_dim)的二维张量
model.add(Flatten())
#添加一个有 32 个节点的全连接隐藏层和一个输出层
model.add(Dense(32, activation='relu'))
model.add(Dense(1, activation='sigmoid'))
model.summary() #显示模型各层输入和输出的张量维度
```

（6）使用训练集训练神经网络模型。

```
#二分类问题，损失函数采用 binary_crossentropy
model.compile(optimizer='rmsprop', loss='binary_crossentropy',
                metrics=['acc'])
#训练10 轮次，每次迭代训练 32 个样本，取 X_train 中 20%的数据验证每轮的精度
history = model.fit(X_train, y_train, epochs=10, batch_size=32,
                verbose=2, validation_split=0.2)
```

（7）在测试集上评估模型性能。

```
acc_test = model.evaluate(X_test, y_test, verbose=2)
print("word embedding nerual network:\n" )
#evaluate 返回值为 loss, accuracy
print(model.metrics_names)
print(acc_test)
```

本例使用词嵌入模型直接学习词向量，结果显示在测试集上的分类精确率达到了99.3%，说明特征表示效果非常好。

如果要加载其他数据集上训练获得的词向量，如 Glove、wordVec 等，则需先从预训练获得的词向量文件中读出所有词的向量表示，得到一个词向量矩阵，然后在步骤（5）和步骤（6）之间增加载入步骤。

下面使用 Glove 词向量模型中的 100 维词向量，共有 40 000 个词。

（1）从文件中读出词的向量表示。

```
f = open('data\glove.6B.100d.txt','r', encoding='UTF-8')
for line in f:
    values = line.split()
    word = values[0]
    coefs = np.asarray(values[1:], dtype='float32')
    embeddings_index[word] = coefs
f.close()
model.layers[0].trainable = False
```

（2）为文档集生成 word_index 中前 10 000 个高频词生成词向量矩阵。

```
embedding_dim = 100
embedding_matrix = np.zeros((max_words, embedding_dim))
for word, i in word_index.items():
    embedding_vector = embeddings_index.get(word)
    if i < max_words:
        if embedding_vector is not None:
            # Words not found in embedding index will be all-zeros.
            embedding_matrix[i] = embedding_vector
```

（3）在建立的模型中加载词向量矩阵。

```
#模型按照层的添加顺序建立层索引。首先添加的 Embedding 层序号为 0
model.layers[0].set_weight([Embedding_matrix])
model.layers[0].trainable = False
```

运行结果发现，加载预训练的 Glove 词向量模型，模型的性能反而下降了，说明原来用于训练 Glove 词向量模型的文档集与邮件数据集存在较大差异，Glove 词向量模型在本数据集上的表征性较差。在实际应用中，是否需要使用预训练的词向量、使用哪种词向量模型，这些与数据集的领域和大小、解决问题的复杂度等因素都存在关系，需要根据测试结果来决定。

思考与练习

1．将邮件特征提取从词袋模型改为 TF-IDF 模型，比较使用不同特征学习的分类模型的性能。

2．使用 scikit-learn 的 CountVectorizer()初始化词袋模型时，设置不同的特征个数生成邮件的特征表示向量，比较训练分类模型所耗费的时间，以及分类的准确性。特征个数越多是否意味着分类性能越好呢？

综合练习题

TREC06C 数据集的每封邮件都包含发件人、收件人、标题、正文及附件等完整信息。7.3 节中只使用了邮件正文的文本特征训练垃圾邮件分类器。考虑将发件人、收件人及标题等特征也转化为向量数据，添加到文本特征向量中，训练邮件分类器，并与只使用正文的分类器进行性能比较。

## 第 8 章

图像数据处理

图像作为人类感知世界的视觉基础，是人类获取信息、表达信息和传递信息的重要手段。早期人们使用计算机绘制图像，建立三维模型。随着人工智能技术的发展，人们开始尝试使用计算机自动识别图像的内容，从手写数字识别、车牌识别到人脸识别，图像处理技术取得了突破性的进展。本章简要介绍图像数字化的基本原理和处理数字图像的基本操作，阐述如何使用深度学习来实现图像分类。

8.1 数字图像概述

8.1.1 数字图像

图像是指使用各种观测系统以不同形式和手段观测客观世界获得的，可以直接或间接作用于人眼，进而产生视觉的实体，包括普通照片、绘画、影视图像、医学 X 光片、卫星遥感图谱等。为了能用计算机对图像进行存储、传输及加工，需要将图像进行数字化。使用给定大小的网格将连续图像离散化，每个小方格被记录为一种颜色，得到的颜色矩阵就是数字图像，小方格就是像素。

像素（Pixel）是数字图像的最小单位，每个像素具有横向和纵向位置坐标，以及颜色值。如图 8-1（a）所示机器人图像，其左眼局部图像（16×8 像素）如图 8-1（b）所示，数字化后的像素矩阵如图 8-1（c）所示，其中首行为纵轴坐标，首列为横轴坐标，单元格的值表示某种颜色。

像素也被用来表示整幅图像的网格数，如 640×480 像素、1920×1080 像素、4096×2160 像素等。同样大小的图像，像素越大越清晰。

8.1.2 数字图像类型

在计算机中，按照颜色和灰度的多少可以将图像分为二值图像、灰度图像和 RGB 彩色图像三种基本类型。

（1）二值图像

二值图像的像素矩阵仅由 0、1 两个值构成，0 代表黑色，1 代表白色，用 1 位二进制数表示。二值图像通常用于文字、线条图的扫描识别（OCR）和掩模图像的存储。

（a）灰度图像

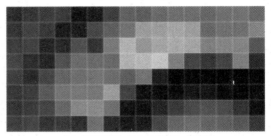

（b）图像局部（16×8 像素）像素图

	199	200	201	202	203	204	205	206	207	208	209	210	211	212	213	214
75	23	16	21	34	59	45	12	12	11	45	73	81	94	95	86	86
76	17	27	31	47	33	14	20	41	78	81	96	108	108	98	98	109
77	27	27	54	45	14	17	51	90	115	162	153	170	148	113	109	109
78	27	41	44	13	37	62	52	105	174	144	161	173	159	128	130	130
79	35	41	33	24	60	105	90	100	173	179	198	123	71	38	69	124
80	49	41	27	60	86	102	113	102	88	104	26	0	8	6	5	5
81	46	34	39	72	115	110	144	49	16	6	6	17	27	16	4
82	42	32	40	58	92	123	138	110	6	6	29	54	73	75	65	46

（c）图像局部（16×8 像素）的像素矩阵

图 8-1　图像与像素

（2）灰度图像

灰度图像矩阵元素的取值范围通常为[0,255]，0 表示纯黑色，255 表示纯白色，中间的数字从小到大表示由黑到白的过渡色，用 8 位二进制数表示。二值图像可以看成灰度图像的特例。

（3）RGB 彩色图像

RGB 图像用红（R）、绿（G）和蓝（B）三原色的组合来表示每个像素的颜色。图像被表示为 3 个 $M×N$ 的二维矩阵，每个矩阵分别存放一个颜色分量，取值范围为[0,255]，表示该原色在该像素中的深浅程度。每个像素的颜色使用 3×8bit 表示，RGB 彩色图像也被称为 24 位图。

如果直接将数字图像的二维矩阵存储到文件中会非常大，如1920×1280 像素的24 位图，文件大小为 1920×1280×3B=7.2MB。因此通常将原始数据压缩后进行存储，目前常用的压缩文件格式有 BMP、JPEG、TIFF、GIF 和 PNG 等。BMP 是微软公司为 Windows 环境设置的标准图像格式，结构简单，压缩比低；JPEG 可以通过设定压缩比获得不同质量的图像；TIFF 是现阶段印刷行业使用最广泛的文件格式；GIF 可以保存多幅动态图像；PNG 主要用于网页上的图像。

8.1.3　数字图像处理

数字图像处理是指应用计算机来合成、变换已有的数字图像，从而产生一种新的效果，并把加工处理后的图像重新输出，主要包括以下任务。

1. 图像变换（Geometrical Image Processing）

图像变换包括几何变换和空间变换。几何变换包括坐标变换，图像的放大、缩小、旋转、移动，多个图像配准，全景畸变校正，扭曲校正，周长、面积、体积的计算等。空间变换包括傅里叶变换、离散余弦变换、小波变换（将图像从时域变换到频域）。

2. 图像增强和复原（Image Enhancement & Restoration）

图像增强和复原的目的是提高图像的质量，如去除噪声、提高图像的清晰度等，使图像中物体轮廓清晰、细节明显，便于进一步处理。

3. 图像重建（Image Reconstruction）

图像重建是指将物体外部测量的数据进行数字化处理获得物体的三维形状信息，主要有投影重建、明暗恢复形状、立体视觉重建和激光测距重建。医学上的 CT 技术就是利用人体的透视投影图重建组织的形状。

4. 图像编码（Image Encoding）

图像编码（也称图像压缩）是指在满足一定质量的条件下，利用图像的统计特性、人类视觉生理学及心理学特性对图像数据进行编码，以较少的比特数表示图像或图像中所包含的信息。常见的有 JPEG、TIFF 等压缩格式。

5. 图像识别（Image Recognition）

图像识别是指利用计算机对图像进行处理、分析和理解，以识别各种不同模式的目标和对象。图像识别技术广泛地应用于人脸识别、导航、地图与地形配准、自然资源分析、天气预报、环境监测、设施监控、生理病变研究等领域。

数字图像处理是一门非常庞大的学科，本章后续内容将简要介绍如何利用 Python 来实现数字图像的基本操作及图像的识别。

8.2　Python 图像处理

8.2.1　Python 图像处理库

基于 Python 的图像处理第三方开源库有很多，如 PIL、Pillow、OpenCV 及 scikit- image 等，其中 scikit-image 使用最方便，且功能齐全。scikit-image 包由多个子模块组成，可提供图像处理所需的各种功能，其常用模块如表 8-1 所示。

表 8-1　scikit-image 的常用模块

子模块名称	主要实现功能
io	读取、保存和显示图片或视频
data	图片和样本数据
color	颜色空间变换
filters	图像增强、边缘检测、排序滤波器、自动阈值等
transform	几何变换或其他变换，如旋转、拉伸等
feature	特征检测与提取等
measure	图像属性的测量，如相似性或等高线等
segmentation	图像分割
restoration	图像恢复
util	通用函数

8.2.2　图像的基本操作

1. 图像读取和显示

数字图像在程序中用多维数组 ndarray 表示，scikit-image 库的 io 库用来实现图像的输入、输出操作。

```
>>> from skimage import io
```

以下代码可读取图像、查看图像的基本信息并显示图像，结果如图 8-2 所示。

```
>>> robot = io.imread("data\Robot.jpg")
>>> robot.shape          # 图像像素和颜色字节数
(372, 400, 3)
>>> type(robot)          # 数据类型
<class 'Numpy.ndarray'>
>>> io.imshow(robot)
<matplotlib.image.AxesImage object at 0x22099dd21d0>
>>> io.show()
```

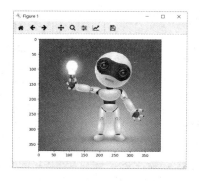

图 8-2　读取并显示图像

2. 图像的坐标和颜色

在 scikit-image 中，使用(row,col)表示图像中每个像素的坐标，起点(0,0)位于图像的左上角。给出一个坐标位置，即可获得图像中该像素的颜色。

```
>>> robot[91,221]              #取指定坐标像素的颜色
array( [65 61 62], dtype=uint8)
```

RGB 彩色图像中每个像素的颜色用一个(R,G,B)三元组表示，代表 R、G、B 三种颜色通道的亮度值。可以只提取某个通道（分别用 0、1、2 表示）的颜色。

```
>>> robot[91,221, 0]              #取指定坐标像素的 R 值
65
```

使用数组的切片操作，可以访问图像中某个部分的颜色。

```
>>> robot[77:80,221:231, 0]      #取某个部分图像的 R 值
array([[ 37  90  79  61  41  42 129  75  75  72]
 [ 32  38  85  63  52  41  78 113  65  71]
 [ 38  33  69  78  60  44  53 116  68  63]], dtype=uint8)
```

3. 图像裁剪

图像被表示为数组，提取数组的部分数据后显示和保存即可获取局部图像。用以下代码取出图 8-2 中的机器人头部，单独显示和保存。显示效果如图 8-3 所示。

```
>>> head = robot[40:165,180:305]              #给出图像局部 head 的坐标范围
>>> io.imshow(head)
>>> io.show()
>>> io.imsave('RobotHead.jpg', head)          #将图像数据保存为文件
```

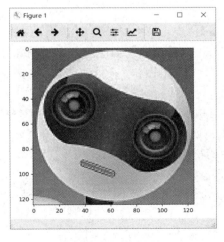

图 8-3　获取局部图像

8.3 案例：深度学习实现图像分类

图像分类是数字图像处理的经典任务，目标是利用计算机将图像或图像中的某部分划归为若干类别中的一类。图像分类首先需要对图像进行预处理，将图像中可能包含识别目标的矩形分割出来，再实施特征提取，基于图像特征训练分类器进行分类。图像特征的提取有很多种技术，传统技术包括基于色彩特征、基于纹理、基于形状，以及基于空间关系等，这些方法大多数需要人工干预来实现。

近年来深度学习技术被广泛用于图像分类、识别等领域，取得了巨大的成功，其中卷积神经网络（Convolutional Neural Network，CNN）被广泛应用于图像特征自动提取及分类。下面将介绍 CNN 的基本概念，以及如何实现基于 CNN 的图像分类。

8.3.1 卷积神经网络

从图像中识别事物，需要首先从图像中获取到表征事物的多个局部特征，然后根据特征的组合，综合判定事物的类别。是否可以直接利用传统的前馈神经网络接收图像输入，通过多层神经网络提取特征呢？

前馈神经网络采用全连接，即每个节点与上一层所有的节点相连。如果将图像像素的颜色值作为输入，一个 1000×1000 像素的灰度图像，输入层有 1000×1000=10^6（100 万）个节点，假设第一个隐藏层有 1000 个节点，那么这层就有 1000×1000×1000=10^9（10 亿）个权重参数需要学习。当图像更大、像素点更多、隐藏层数也更多时，参数就会剧增，显然计算机无法进行计算。

为了既减小网络规模又能有效表征图像，卷积神经网络由此而生。从图像的视觉效果可知，每个像素与其周围像素的关联比较紧密，与离得远的像素的关联可能比较小。局部特征表示为图像中的某个部分像素的特性，CNN 模型设计了由卷积层和池化层组成的卷积块，实现局部特征的提取。

（1）卷积层（Convolutional Layer）由若干卷积单元组成，每个卷积单元（也称为卷积核）仅连接输入单元的一部分，也就是输入图像的一小片相邻区域，获取局部图像的信息。相似的局部图像通过卷积计算后提取出的特征值也相似。这样在图像中不同位置的相似局部像素能被识别为同一特征。卷积单元的一组连接可以共享同一个权重，而不是每个连接都拥有独立的权重。局部连接和权重共享方式极大地减少了隐藏层的参数。

（2）池化层（Pooling Layer）也称为下采样，将若干个卷积层节点划分为一个区域，将其最大值或平均值作为新的特征值，得到维度较小的特征，从而减少隐藏层中的节点数，同时也保留了有用信息。

CNN 模型通常使用多个卷积块来提取不同大小的图像特征。底层卷积块可能只提取一些低级的特征，如边缘、线条和角等，更高层的网络能从低级特征中迭代提取更复杂的特征，如事物的局部表示（汽车的轮子、车灯、车门等）。最终识别模型通过全连接层把所有局部特征结合起来变成全局特征，用来输出识别或分类结果。

图 8-4 所示是一个简单的用于图像分类的 CNN 模型，包含了输入层（汽车图像），多个卷积层 Conv、激活层 Relu、池化层 Pool，以及全连接层 Fc。该网络的输出是输入图像属于每个分类（共 5 类）的概率。

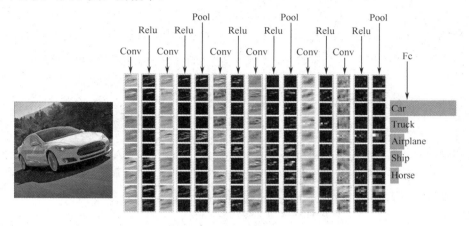

图 8-4　用于图像分类的 CNN 模型

使用 CNN 模型无须对图像进行复杂的前期预处理，如提取颜色特征、边缘检测等，可以直接输入原始图像，CNN 模型能自动筛选出有利于分类的局部特征，完成图像分类。

8.3.2　基于 Keras 实现图像分类

1. 图像数据集 CIFAR-10

CIFAR-10 是一个通用图像分类数据集，包括 6 万幅 32×32 像素的 RGB 彩色图像，被分成 10 类（如图 8-5 所示）：飞机（Airplane）、汽车（Automobile）、鸟（Bird）、猫（Cat）、鹿（Deer）、狗（Dog）、青蛙（Frog）、马（Horse）、船（Ship）和卡车（Truck），其中 5 万幅图像用于训练，1 万幅图像用于测试。

图像分类

图 8-5　CIFAR-10 图像库中的 10 类图像

2. 图像分类的实现

使用 Keras 进行图像分类，首先需要构建 CNN 模型，除基础的神经网络层外，还需要以下几层。

（1）卷积层 Conv2D：二维卷积层，对二维输入进行滑动窗卷积。当使用该层作为第一层时，需提供 input_shape 参数。例如，input_shape = (3,128,128)代表 128×128 像素的彩色 RGB 图像。

```
Conv2D(filters, kernel_size, strides=(1, 1), padding='valid',…)
```

参数说明：

  filters：卷积核的数目，即输出的维度。

  kernel_size：卷积核的宽度和长度，若为单个整数，则表示在各维空间中的长度相同。

  strides：卷积的步长，若为单个整数，则表示在各维空间中的步长相同。

  padding：补 0 策略，取值有 valid 和 same。

（2）池化层 MaxPooling2D 和 AveragePooling2D：用于为每个区域实施最大值和平均值池化。

```
MaxPooling2D(pool_size=(2, 2),…)
```

（3）Flatten 层：用于将输入"压平"，即把多维的输入一维化，常用在从卷积层到全连接层的过渡。

为了训练深度学习的图片分类器，可构建如图 8-6 所示的 CNN 模型，包括对两个卷积块进行特征提取，每个卷积块由两个卷积层加一个池化层组成。提取得到的局部特征通过一个全连接层加上 softmax 实现多分类。

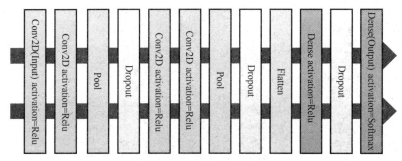

图 8-6 训练图像分类的 CNN 模型

CIFAR-10 数据集包含 6 万幅图像，当使用较大的数据集训练模型时，需要设置 batch_size，即每次输入神经网络中数据量的大小，然后计算这些样本的损失函数，进行迭代。适度的 batch_size 能使神经网络的迭代较准确地收敛，获得较好的网络模型参数。

【例 8-1】 构建 CNN 模型，基于 CIFAR-10 数据集训练图像分类器。

（1）读取 CIFAR-10 数据集，该数据集为 Keras 自带的，可通过 load_data()获得。

```
from keras.datasets import cifar10
(x_train, y_train), (x_test, y_test) = cifar10.load_data()
```

（2）对数据进行预处理，包括将图像的像素值归一化为[0,1]，多分类问题需要将分类标签转换为二元类矩阵。

```
num_classes = 10 #分类个数
x_train = x_train.astype('float32')
x_test = x_test.astype('float32')
x_train /= 255
x_test /= 255
y_train = np_utils.to_categorical(y_train, num_classes)
y_test = np_utils.to_categorical(y_test, num_classes)
```

（3）构建 CNN 模型。

```
from keras.models import Sequential
from keras.layers import Dense, Dropout, Activation, Flatten
from keras.layers import Conv2D, MaxPooling2D

model = Sequential()
#添加卷积块提取低级特征
model.add(Conv2D(32, (3, 3), padding='same',
          input_shape=x_train.shape[1:]))
model.add(Activation('relu'))
model.add(Conv2D(32, (3, 3)))
model.add(Activation('relu'))
model.add(MaxPooling2D(pool_size=(2, 2)))
model.add(Dropout(0.25))
#添加卷积块提取局部特征
model.add(Conv2D(64, (3, 3), padding='same'))
model.add(Activation('relu'))
model.add(Conv2D(64, (3, 3)))
model.add(Activation('relu'))
model.add(MaxPooling2D(pool_size=(2, 2)))
model.add(Dropout(0.25))
#添加全连接层实现分类
model.add(Flatten())
model.add(Dense(512))
model.add(Activation('relu'))
model.add(Dropout(0.5))
model.add(Dense(num_classes))
model.add(Activation('softmax'))
```

（4）对构建好的 CNN 模型进行编译。这是多分类问题，损失函数选择 categorical_crossentropy，优化器选择 RMSprop。

```
#初始化 RMSprop 优化器
opt = keras.optimizers.rmsprop(lr=0.0001, decay=1e-6)
#模型编译
model.compile(loss='categorical_crossentropy', optimizer=opt,
              metrics=['accuracy'])
```

（5）训练 CNN 模型。

```
batch_size = 32
epochs = 100   #参数学习算法的迭代次数
model.fit(x_train, y_train, batch_size=batch_size, epochs=epochs,
          verbose=2, validation_data=(x_test, y_test), shuffle=True)
```

（6）保存获得的分类模型。

```
model.save('B2CNN.h5')   #将训练获得的模型保存到文件中
del model  # 删除当前的模型
from keras.models import load_model
model = load_model('B2CNN.h5')   #从文件中加载模型
```

（7）对 CNN 模型进行性能评估。

```
scores = model.evaluate(x_test, y_test, verbose=1)
print('Test loss:', scores[0])
print('Test accuracy:', scores[1])
```

训练结果如下。

```
Test loss: 0.718861374378
Test accuracy: 0.776
```

3. 使用预训练模型进行图像分类

模型训练是一项非常耗时的工作，很多科学家和研究机构将训练好的图像分类模型公布出来，供他人直接用来预测。Keras 也包含了很多目前非常优秀的预训练模型，如 Xception、VGG16、VGG19、ResNet50、InceptionV3、InceptionResNetV2、MobileNet、DenseNet、NASNet 等。这些模型都是在 ImageNet 图像数据集上训练获得的，该数据集是世界上最大的图像识别数据集之一，包含 1400 多万幅图像，涵盖 2 万多个类别，其中有超过百万的图像有明确的类别标注，以及对图像中物体位置的标注。

【例 8-2】 使用 Keras 的 ResNet50 图像分类模型预测大象图像分类，如图 8-7 所示。

```
from keras.applications.resnet50 import ResNet50
from keras.applications.resnet50 import preprocess_input
from keras.applications.resnet50 import decode_predictions
from keras.preprocessing import image
import numpy as np
```

```
#导入预训练模型 ResNet50
model = ResNet50(weights='imagenet')

# 对输入图像进行处理
img_path = 'data\elephant.jpg'
img = image.load_img(img_path, target_size=(224, 224))
X = image.img_to_array(img) #将图像数据转换为数组
X = np.expand_dims(X, axis=0)
X = preprocess_input(X)

# 模型预测
preds = model.predict(X)
print('Predicted:', decode_predictions(preds, top=3)[0])
```

图 8-7　用于预测的大象图像

　　输出预测结果，按照概率排序前 3 名的类型为 Indian_elephant（印度象）、Tusker（有长牙的动物）和 African_elephant（非洲象）。

　　其他预训练模型的调用方法可参考 Keras 官方文档。

思考与练习

　　1. 设计不同的 CNN 模型训练 CIFAR-10 数据集，比较不同模型下图像分类的效果。
　　2. 选择不同的优化器和损失函数，比较图像分类的效果。

综合练习题

　　尝试基于身份证照片创建班级同学的人脸库，使用已有的人脸识别、人脸比对 API 实现上课自动点名的功能。

第9章

时序数据与语音处理

时序数据（也称时间序列数据）是指连续观察同一对象在不同时间点上获得的数据样本集。时序数据处理的一个重要目标是对给定的时间序列样本，找出统计特性和发展规律，并推测未来值。语音是一类特殊的时序数据，识别语音对应的文本信息是当前人工智能的热点之一。本章将介绍时序数据的特点，通过应用实例，展示时序数据处理的基本方法及语音识别技术的应用。

9.1 时序数据概述

9.1.1 时序数据特性

时序数据是以时间为序依次排列的数据序列，由观察时间点与对应的观察值两部分构成。时序数据的时间间隔可根据需要选定，通常为相同间隔的时间单位，如秒、小时、月、季度或年等。生活中时序数据的例子有很多，如海洋潮汐高度、商品销售量、股票交易价格、国民经济发展数据、音频数据等。通常时序数据中的邻近数据具有一定的相关性，但这种相关性会随数据点之间的距离变远而减小。

时序数据着眼于研究对象在时间顺序上的变化，寻找对象历史发展的规律。一般来说，时序数据的观察值由以下主要要素构成。

（1）趋势性是指时间序列在长时间内所呈现的行为，是受某种根本性因素影响而产生的变动或缓慢的运动。

（2）循环性是指时间序列的变动有规律地徘徊于趋势线上下并反复出现。

（3）季节性是指一年内随季节变换而发生的有规律的周期性变化，如流感季，但更小单位的周期变动也被看成季节成分，如日交通流量反映了一天内"季节"的变化情况。

（4）波动性是指围绕前3个要素的随机性波动，是一种无规律可循的变动。

从趋势性角度看，时间序列可划分为平稳时间序列和非平稳时间序列。平稳时间序列是指那些基本上不存在趋势的时间序列，序列中的观察值在某个固定的水平上随机波动，不存在某种显而易见的规律。非平稳时间序列是指有趋势的序列，或者由趋势性、季节性和周期性混合而成的复合时间序列。

观察时序数据最简单、有效的方法是以时间为横轴，以序列观察值为纵轴绘制时序图。

时序图可以直观地展现时序数据的趋势、周期等特性。图 9-1（a）所示为按年显示的人口增长趋势，图 9-1（b）所示为一段语音数据。

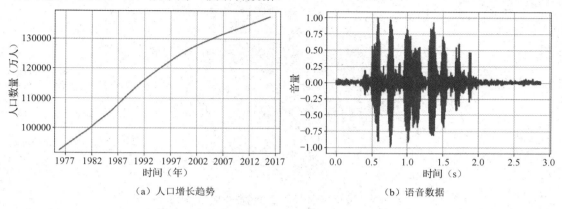

（a）人口增长趋势　　　　　　（b）语音数据

图 9-1　时序图

9.1.2　时序数据特征的提取

时序数据随时间流逝，数据记录会不断增加，数据量变得非常大，给数据处理增加了难度。特征提取就是对时序数据采样值进行适当归约，减少分析处理的数据量，提高处理效率。

时序数据的种类繁多，特征也多种多样，例如，金融数据普遍具有"高峰厚尾"和"平方序有微弱而持续的自相关"的特点；地震波具有强度随延伸而减弱的特点；语音信号的幅值具有一定的范围，零幅和近零幅的概率都很高；心电信号具有很强的周期性。对不同类型的时序数据应选择不同的特征提取方法。

时序数据特征的提取方法大致可分为 4 类。

（1）基于统计方法的特征提取。提取数据波形的均值、方差、极值、波段、功率谱、过零率等统计特征，以代替原时序数据作为特征向量，用于数据处理。

（2）基于模型的特征提取。先用模型刻画时间序列数据，然后提取模型的系数作为特征向量。

（3）基于变换的特征提取。通过变换手段使数据的特性突显出来，从而变得容易提取。常用的变换主要有时频变换和线性变换，如快速傅里叶变换、小波变换和主成分分析等。

（4）基于分形理论的特征提取。分形是指具有无限精细、非常不规则、无穷自相似的结构。在大自然中，海岸线、雪花、云雾这些不规则形体都属于分形，即部分与整体有自相似性，可提取分维数作为特征参数。

下面结合实例介绍基于统计方法的常用特征提取和时序图绘制的方法。

【例 9-1】　2017 年某公司股票价格保存在数据集 stockPrice.csv 中，绘制股票收盘价的时序图，并提取该时序数据的常用特征。

下面程序从文件中读取日期及当日股票收盘价两列数据构成时序数列。使用 DataFrame

对象的 describe()统计该序列的一些常用特征，结果如表 9-1 所示；使用 plot()绘制折线图，结果如图 9-2 所示。

```
import pandas as pd
import matplotlib.pyplot as plt
plt.rcParams['font.sans-serif'] = ['SimHei']    #设置中文字体
#设置 usecols，从文件中只读取指定列
df = pd.read_csv('data\stockPrice.csv', index_col = 0, usecols=[0,1])
print(df.describe())
df.plot(title='2017 年某公司股票价格时序图', grid=True)  #绘制时序图
plt.xlabel('时间（天）')
plt.ylabel('股价（美元）')
plt.show()
```

表 9-1   2017 年某公司股票收盘价数据的特征

序　号	特　征　项	特　征　值
1	count	249.00
2	mean	150.83
3	std	14.35
4	min	116.61
5	25%	142.27
6	50%	152.76
7	75%	159.86
8	max	176.42

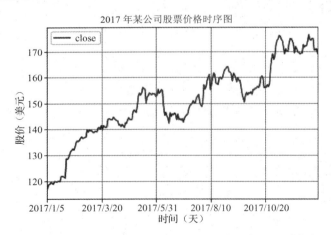

图 9-2   2017 年某公司股票价格时序图

　　这些特征数据表明，2017 年该公司的股票收盘价平均为 150.83 美元，最高达到 176.42 美元，最低跌到 116.61 美元，但大多数情况是在 159 美元左右震荡。

　　从时序图中容易看出该公司的股价在 2017 年的总体趋势是震荡中逐步上升的，属于非平稳时间序列。

思考与练习

利用我国人口统计时序数据集（population.csv）绘制 30 年来我国人口增长的趋势图，如图 9-1（a）所示。

9.2　时序数据分析方法

9.2.1　时序数据分析过程

1. 时序分析模型的类别

在实际应用中，时序数据分析可用于模式发现、相似性度量、分类、聚类、预测等领域。在商业应用中，对某些时序数据进行分析处理，从而对未来走势进行准确预测，往往是决策成功的关键。目前，常用的时序数据分析模型主要有线性模型和非线性模型两大类，如图 9-3 所示。

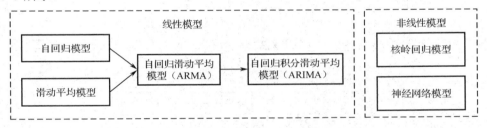

图 9-3　常用的时序分析模型

线性模型用时间序列中前若干时刻的观察值的线性组合来描述以后某时刻的值，股票数据、语音信号等都具有较显著的线性特征，可以采用线性模型处理。线性模型首先考虑序列平稳性，平稳时间序列是指均值和方差为常数的时间序列，其自协方差函数与起点无关，可采用自回归滑动平均模型（Auto-Regression Moving Average，ARMA）处理。非平稳时间序列可以考虑先将其经差分后转化为平稳时间序列，然后用自回归积分滑动平均模型（Auto-Regression Integrated Moving Average，ARIMA）处理。

有些时间序列成因极其复杂，则需要采用非线性模型，如核岭回归模型和神经网络模型。非线性模型需要大量的训练和检验，其计算量远大于线性模型。

2. 线性模型

常用的线性时序分析过程如图 9-4 所示。对于给定的时序数据，首先要对其进行纯随机性和平稳性检验，非平稳时间序列数据需要经过 d 阶差分转换为平稳时间序列；然后使用 ARMA 或 ARIMA 建模，确定模型的最优参数；最后使用获得的模型进行预测。如果经过差分仍未能获得平稳时间序列，则考虑采用非线性模型。

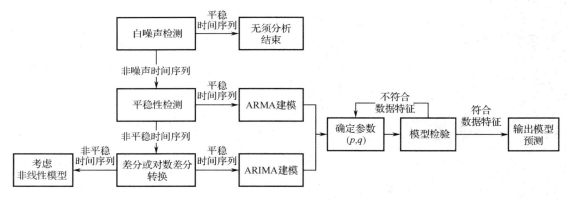

图 9-4　常用的线性时序分析过程

分析过程涉及较多概率统计学的基本概念和计算方法，不再做详细介绍。

3. 神经网络模型

深度神经网络处理序列数据的算法有循环神经网络和一维卷积神经网络两类，可以用于文本（单词序列或字符序列）、时间序列和一般的序列数据。本章介绍循环神经网络的方法，这类方法常用的模型包括循环神经网络（RNN）、长短期记忆（LSTM）、门控循环单元（GRU）等。

循环神经网络模型主要用于提取序列数据的特征，并进行预测，其结构如图 9-5 所示。

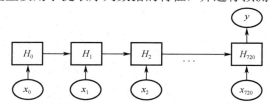

图 9-5　循环神经网络模型结构

其中，x 为输入的样本数据，x_i 为第 i 个时刻的数据，y 为预测的目标值。H_i 为神经网络节点，它将样本 x_i 和前一个节点的输出隐藏特征 H_{i-1} 一起作为输入，计算当前的隐藏特征 h_i。RNN、LSTM、GRU 采用不同的算法实现节点 H_i 的计算过程，其中 RNN 参数最少，长序列预测能力较差；LSTM 最复杂，参数最多，需要的训练数据也更多；GRU 是简化的 LSTM，运行的计算代价相对较低。

9.2.2　案例：温度预测

气象站会按照固定时间间隔记录每个时刻的天气测量信息，包括气温、气压、湿度和风向等。温度预测实例即根据前面天气的状况，推测未来某个时刻的气温。

使用循环神经网络模型为序列建模，首先要根据前面的分析目标生成训练数据集，例如，分析目标为根据序列 L 中前 k 个数据预测未来 delay 时刻的值，可使用滑动窗口机制，逐次从序列中提取 m 个样本，如下所示。

样本 0: $[x_0, x_1, \cdots, x_{k-1}]$，目标值 $x_{k+\text{delay}}['\text{temperature}']$

样本 1: $[x_1, x_2, \cdots, x_k]$，目标值 $x_{k+1+\text{delay}}['\text{temperature}']$

...

样本 $m-1$: $[x_{m-1}, x_m, \cdots, x_{k+m-1}]$，目标值 $x_{k+m+\text{delay}}['\text{temperature}']$

当然也可以在序列中随机选取 m 个起始位置，根据规则生成样本。

Keras.layers.recurrent 提供了常见的 3 种循环网络层，即 SimpleRNN、LSTM 和 GRU。下面以 LSTM 层为例，介绍循环神经网络模型的实现。

LSTM 层初始化：

```
LSTM_layer = LSTM(units, input_dim, return_sequence, input_length,
                  dropout, recurrent_dropout)
```

参数说明：

units：输出维度。

input_dim：输入维度，若该层为模型首层时，需指定。

return_sequence：Boolean，默认为 False。若为 True 则返回整个序列中每个节点的输出，否则只返回最后一个节点的输出。

input_length: 输入长度固定时，表示序列的长度，若该层后为全连接层，则必须指定。

LSTM 层输入三维张量(samples, input_length, input_dim)，如果 return_sequence 为 True，则返回形状为(samples, input_length, output_dim)的三维张量；否则返回形状为(samples, output_dim)的二维张量。

【例 9-2】耶拿数据集来自德国耶拿马普所 2009—2016 年的气象站记录，包含每 10 分钟记录一次的 14 项天气信息，共有 420 551 条记录。

温度预测问题设定基于前 5 天的天气信息，预测未来 24 小时之后的温度。5 天产生的记录为 720 条（5 天×24 小时×6 次），也就是用序列中前 720 个时刻数据预测 144（24 小时×6 次）个时刻后的温度，构造的每条数据的特征值为(720, 14)的二维张量，目标值为标量。

首先对原始数据进行预处理，不同的气象数据集取值范围不同，需要进行标准化；然后根据预测规则生成训练样本集，再使用 LSTM 层提取样本的特征表示，并输入后序的前馈全连接层进行温度预测，具体步骤如下。

（1）从文件中读出原始数据。

```
import pandas as pd
filename = 'data\jena_climate_2009_2016.csv'
data = pd.read_csv(filename)
data.head()
```

温度预测

DataFrame.head()显示前 5 条数据。

	Date Time	p (mbar)	T (degC)	Tpot (K)	Tdew (degC)	rh (%)	VPmax (mbar)	VPact (mbar)	VPdef (mbar)	sh (g/kg)	H2OC (mmol/mol)	rho (g/m**3)	wv (m/s)	max. wv (m/s)	wd (deg)
0	01.01.2009 00:10:00	996.52	-8.02	265.40	-8.90	93.3	3.33	3.11	0.22	1.94	3.12	1307.75	1.03	1.75	152.3
1	01.01.2009 00:20:00	996.57	-8.41	265.01	-9.28	93.4	3.23	3.02	0.21	1.89	3.03	1309.80	0.72	1.50	136.1
2	01.01.2009 00:30:00	996.53	-8.51	264.91	-9.31	93.9	3.21	3.01	0.20	1.88	3.02	1310.24	0.19	0.63	171.6
3	01.01.2009 00:40:00	996.51	-8.31	265.12	-9.07	94.2	3.26	3.07	0.19	1.92	3.08	1309.19	0.34	0.50	198.0
4	01.01.2009 00:50:00	996.51	-8.27	265.15	-9.04	94.1	3.27	3.08	0.19	1.92	3.09	1309.00	0.32	0.63	214.3

（2）用前 10 天的温度绘制时序图，共有 1440 个值。

```
from matplotlib import pyplot as plt
temp = data["T (degC)"]
temp_10days = temp[:1440]  #前10天共有1440个值
temp_10days.plot()
plt.show()
```

结果如图 9-6 所示。

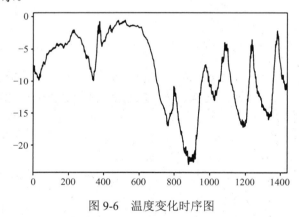

图 9-6　温度变化时序图

（3）数据预处理。

```
#删除日期列
data_process = data.drop('Date Time',axis = 1)
#数据标准化
from sklearn import preprocessing
data_process = preprocessing.scale(data_process)
```

（4）随机从序列中选择 5000 个子序列，每个子序列长度为 721，构造样本数据集。

```
import numpy as np
samples = 5000
lookback = 5*24*6              #720个值

# X为3D数组，形状(samples,input_length,input_dim)
```

```
# samples 表示样本数，input_length = lookback, input_dim = 14
# y 为 1D 数组，形状(samples)，温度
#初始化 X 和 y，X(5000,720,14)
X = np.zeros((samples, lookback, data_process.shape[-1]))
y = np.zeros((samples,))
print(X.shape, y.shaple)

#随机选取 5000 个时刻
delay = 24*6      # 24 小时后，共 144 个时刻
min_index = lookback #720
max_index = len(data_process)-delay-1 # 420551-144-1
#生成 5000 个样本起始时刻值
rows = np.random.randint(min_index, max_index, size=samples)

#提取 5000 个时刻对应的子序列数据，生成 X 和 y
for j, row in enumerate(rows):
    indices = np.arange(row - lookback, row)
    X[j] = data_process.iloc[indices,:]
    y[j] = data_process.iloc[row + delay,:][1]
```

（5）构建基于 LSTM 的深度神经网络模型，并编译。

```
from keras.models import Sequential
from keras.layers import Dense, LSTM


model = Sequential()
#LSTM 层输出维度为 32，也就是将输入的 14 维的特征转换为 32 维的特征
#模型若使用一层 LSTM，则只需要返回最后节点的输出
# X.shape[-1]是最后轴的维度大小 14
model.add(LSTM(32, input_shape=(None, X.shape[-1])))
model.add(Dense(1))
from keras.optimizers import RMSprop
# 损失函数为平均绝对误差（MAE）
model.compile(optimizer=RMSprop(), loss='mae')
```

注意，模型只预测一个时刻的温度，因此全连接层输出节点数为 1，且回归问题不使用激活函数。

（6）训练神经网络。

```
model.fit(X, y, epochs=3, batch_size=128,
          verbose=2,validation_split=0.2)
```

训练 3 个轮次，每次用 80%的数据训练，20%测试 mae 值，其过程如下。

```
Train on 4000 samples, validate on 1000 samples
Epoch 1/3
4000/4000 [==============================] – 23s 6ms/step – loss: 0.3360 – val_loss: 0.3098
Epoch 2/3
4000/4000 [==============================] – 21s 5ms/step – loss: 0.2995 – val_loss: 0.2913
Epoch 3/3
4000/4000 [==============================] – 21s 5ms/step – loss: 0.2934 – val_loss: 0.3011
```

模型最后的 loss 为 0.301，由于数据做过标准化处理，需还原后才能得到真正的温度误差，约为 2.6℃，误差比较大。后续可以进一步通过调整模型参数、增大样本数量等方法优化模型。

思考与练习

1. 尝试将例 9-2 深度神经网络模型的 LSTM 层分别替换为 SimpleRNN 层和 GRU 层，分析并预测误差，然后与使用 LSTM 层的结果进行比较。

2. 如果使用前 3 天的天气信息预测未来 12 小时后的温度，尝试生成训练样本数据，建立预测模型，分析预测误差。

9.3 语音识别技术

9.3.1 语音识别技术简介

语音自动识别（Automatic Speech Recognition，ASR）技术将人类语音中的词汇内容转换为计算机可读的输入，如按键、二进制编码或字符序列，以便机器能够识别和理解它们。1952 年贝尔实验室的 Davis 等人研制了世界上第一个实验系统，它能识别 10 个英文数字发音。经过多年的技术发展，今天的语音识别系统已取得了巨大成就，最好的语音识别系统经基准测试，识别率可达 97%以上，在众多领域被广泛应用。

1. 语音数据采样

语音数据是一种典型的时序数据，它通过对连续声音信号的振幅进行固定频率采样，实时转换为离散时间序列。常用的音频采样频率有 44.1kHz、48kHz 和 192kHz 等，每次采样得到的振幅用若干位二进制数记录，称为采样大小。图 9-7 是一段采样频率为 44.1kHz 的 16 位单声道语音波形数据。

2. 语音识别技术的基本框架

语音识别技术涉及很多研究领域的知识，包括声学、信号学、语言学和统计学等。图 9-8 是语音识别系统的基本框架，其分为两部分：前端模块和后端模块。前端模块的主要作用是进行端点检测（去除多余的空白段）、降噪、特征抽取等；后端模块的作用是利用训练好的声学模型和语言模型对语音的特征向量进行模式识别，得到其包含的文字信息。此外，后端模块通常还包含自适应的反馈模块，可以利用用户对识别正确性的反馈进行自学习，从而校正声学模型和语言模型，提高识别的准确率。

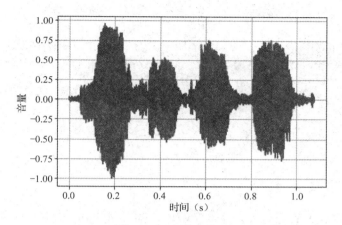

图 9-7 语音波形数据

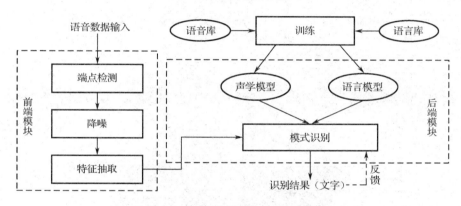

图 9-8 语音识别系统的基本框架

9.3.2 语音识别中的时序数据处理

语音数据作为对语音的实时记录，其中不可避免地会出现噪声、空白段等。因此在开始语音识别之前，必须对录制的原始语音数据进行预处理。预处理主要包括降噪和语音断点检测，其目的是消除噪声，把首尾端的静音切除，以降低其对后续处理步骤造成的干扰。

经过预处理后得到的较纯净语音，经过分帧、特征提取后就可以进行识别了。

1. 分帧

分帧是指将语音切割成按时间顺序排列、等长的语音段，每一段称为一帧，通常相邻的语音帧之间是有交叠的，如图 9-9 所示。

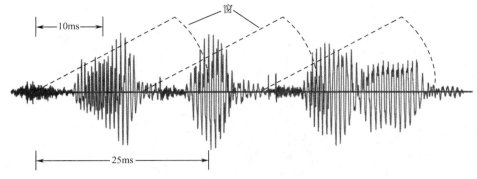

图 9-9　语音数据分帧示意

2. 特征提取

由于波形在时域上的描述能力非常有限，需要对这些语音帧进行变换，以提取较容易识别的声学特征。最常用的特征是梅尔倒谱系数（Mel-Frequency Cepstral Coefficient，MFCC），它将 20～30ms 长的语音帧转化为频谱波形数据，如图 9-10 所示，通过计算提取 12 维的特征向量。经过特征提取，语音序列数据就转换成了一个 $N \times M$ 的矩阵，其中 M 是总帧数，N 是语音帧的特征维度，MFCC 的 $N=12$。

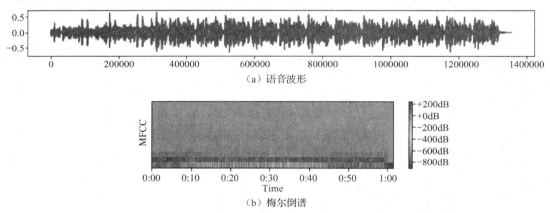

（a）语音波形

（b）梅尔倒谱

图 9-10　梅尔倒谱系数的特征提取

3. 语音识别

在语音识别实践中，常采用音素作为识别单元。音素是构成单词发音的基本单位。英语中常用的是卡内基·梅隆大学的一套由 39 个音素构成的音素集。汉语中一般直接用全部声母和韵母构成音素集（分为有调和无调）。状态是比音素更细致的语音单位，通常把一个音素划分为 3 个状态。

图 9-11 所示为语音帧、状态、音素和单词之间的对应关系，每个小竖条代表一个语音帧，若干语音帧对应一个状态；若干状态对应一个音素，若干音素构成一个单词。

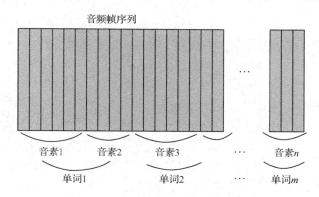

图 9-11　语音要素之间的对应关系

　　语音识别的过程就是把语音帧识别成对应的状态，把状态映射成音素，把音素映射成单词。其中最关键的问题是如何识别每个语音帧所对应的状态。这里就需要用到声学模型、隐形马尔科夫模型和统计知识计算每个语音帧属于某个状态的概率。如果该语音帧属于某个状态的可能性最大，则认定该语音帧对应该状态。

9.3.3　案例：在线语音识别

　　语音识别系统需要庞大的数据支撑，也就是说，每个语音识别系统都要保存语音库和模型库，这无疑是个不小的负担。近年来，随着网络速度的提高，通过网络访问语音识别系统成为可能，许多供应商提供在线语音识别和语音合成服务，如谷歌、微软、百度和科大讯飞等。在线语音识别系统提供多种语音识别 API，用户只需将要识别的音频文件通过网络提交给网站的服务器，就能迅速获得识别出的文字内容。本节以百度语音开放平台为例，实现在线语音识别。

　　百度语音开放平台为用户提供免费的语音识别和语音合成服务的工具包（baidu-aip），用户下载并安装后还需再申请一个百度授权的 Key 才能使用。Key 包括应用标识（App ID）、应用服务接口关键字（API Key）和安全密钥（Secret Key）三部分。在线语音识别的主要函数如下。

　　在线语音识别初始化：

```
client = AipSpeech(APP_ID, API_KEY, SECRET_KEY)
```

　　在线语音识别：

```
result = client.asr(speech, format, rate, {'dev_pid': code},…)
```

　　参数说明：

　　speech：建立包含语音内容的 Buffer 对象。

　　format：语音文件格式，pcm（不压缩）、wav 或 amr。

　　rate：采样率，16 000，固定值。

　　dev_pid：语言类型，1536 为普通话，1537 为带标点的普通话，1736 为英语，1636 为粤语，1836 为四川话。

如果识别成功，则返回的 result 为词典数据对象，其中 result['result']为语音对应的文字。

【例 9-3】 使用百度语音开放平台识别一段语音文件对应的文字。

语音文件 voice.wav 的内容为"数据智能分析技术"，使用百度语音服务平台的语音识别服务进行识别。

（1）注册百度账户，获取开发授权 Key。

打开网页 http://yuyin.baidu.com/asr，单击"立即使用"按钮后，用百度账户登录（没有则需申请一个）。单击网页上的"创建新应用"按钮，进入创建应用向导，如图 9-12 所示。输入待开发的应用名称，如"SpeechToText"，选择合适的应用类型。单击"下一步"按钮，在服务类型选项中选择"语音识别"，继续单击"下一步"按钮，完成向导。

图 9-12 百度语音开放平台的创建应用向导

刷新当前页面，选择"应用管理"菜单选项，可以看到自己创建的应用，单击"查看 Key"按钮，可以看到授权的 Key 信息，如图 9-13 所示，保存好备用。

图 9-13 百度语音开放平台访问 Key

（2）安装百度语音开发包 baidu-aip。

打开 Anaconda Prompt，进入命令行界面，下载开发包并自动安装它。

```
    pip install baidu-aip
```

（3）编写程序，识别语音文件。

Python 需导入 baidu-aip 中的 AipSpeech 库来实现语音识别。

```
from aip import AipSpeech                        #导入语音识别包
def get_file_content(file_name):                 #从文件中提取语音内容
    with open(file_name, 'rb') as fp:
        return fp.read()

APP_ID = '10694657'
API_KEY = 'qtCumlQUdEk4dKpZItWFGY6a'
SECRET_KEY = 'bab91297af93124058a910c2c962ccae'
aipSpeech = AipSpeech(APP_ID, API_KEY, SECRET_KEY)#初始化识别模型
file_name='data\voice.wav'              #语音文件
result = aipSpeech.asr(get_file_content(file_name), 'wav', 16000,
                       {'dev_ip': '1536'})
print (result['result'][0])
```

本例中设置要识别的语音文件为 data\voice.wav，格式为 wav，采样率为 16 000Hz，语言类型为"普通话"。百度语音开放平台对输入音频文件有一些限制，如要求单声道、语音长度小于 60s。不符合要求会导致识别失败，result 中的 err_msg 会给出错误原因，如"speech quality error."，这意味着提交的语音文件音质不够好或样本不是 16 位的等。

思考与练习

使用百度语音开放平台，识别 voice-en.wav 文件中包含的英语语音信息。

综合练习题

1. 文件 rates.csv 是从 OANDA 公司官网下载的 2016 年美元对人民币汇率数据集（最后一条记录除外），绘制 2016 年汇率数据的时序图。试建立循环神经网络模型，使用 10 个交易日的汇率，预测 1 天后的汇率，并对预测误差进行分析。

2. 尝试录制一段包含操作系统命令的语音，如"打开记事本"，编写程序，使用百度语音开放平台进行识别将其转换成文字命令，并执行该命令。

【提示】　使用 os.system()执行操作系统命令：os.system(('notepad'))。

第10章

大数据技术

随着信息技术的发展，特别是互联网、物联网技术的发展，数据产生方式和采集技术都发生了颠覆性的变革，数据量呈现爆炸性增长。大数据时代的到来改变了人们的生活方式和思维模式，也改变了数据的处理方式。大数据分析遵循数据科学的基本模式，但当数据量超过了一定规模，且无法在单机系统上存储和处理时，就催生了一系列大数据技术，包括底层的硬件计算存储平台、文件存储系统，以及上层的数据存储管理系统和分析算法等。本章将概述大数据的特点，并介绍大数据处理技术，包括分布式计算框架 Hadoop、Spark，基于分布式文件系统的 MapReduce，以及分布式机器学习方法库 MLlib 等工具。在信息化发展的新阶段，随着全球数据储量的不断增长，大数据正进入加速发展时期。

10.1 大数据概述

10.1.1 大数据的特点

大数据（Big Data）是一个抽象的概念，通常指无法在有限时间内用常规工具软件进行存储、处理的数据集合。人们普遍认为大数据具备以下的"4V"特征。

（1）Volume（规模性），数据的存储与计算需要耗费海量规模的资源，如卫星收集的数据达到 32PB、新浪微博日活跃人数达到 1.65 亿人。

（2）Velocity（高速性），大数据产生、分析和处理的速度不断加快。支付宝在"双11"当天 0 点的支付峰值达到 25.6 万笔/秒，上海地铁日均刷卡记录达到 2 千万次。

（3）Variety（多样性），数据的来源和形式多样，除传统信息系统产生的结构化数据外，更多是半结构化的关系数据、位置和非结构化的文本、图像、音/视频数据。数据根据不同的来源大致可分为网络数据、企事业单位数据、政府数据、媒体数据等。

（4）Value（高价值性），大数据总体价值高，但单位数据的价值密度低，需要通过数据挖掘等方法有效地发现其价值。

1. 大数据的规模

近年来，全球数据产生量迅猛增长，在 2018—2020 年期间，大数据市场整体收入规模保持每年约 70 亿美元的增长，2020 年全球大数据市场收入规模达到 560 亿美元，同比增长 23%。未来两年内，大数据市场将呈现稳步发展的态势，增速保持在 14%左右。随着大数据市场成熟度的不断提高，预计在 2025—2027 年期间，市场收入规模的增长将有所放缓，维持约 7%的增速（如图 10-1 所示）。

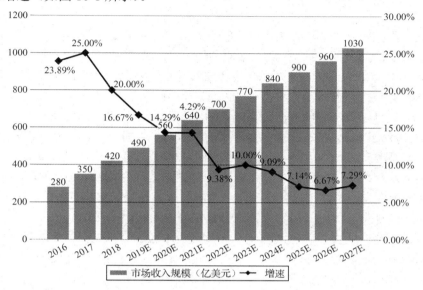

图 10-1　2016—2027 年全球大数据市场收入规模及预测

随着大数据、移动互联网、物联网等产业的深入发展，我国数据产生量也出现爆发式增长，从 2018 年的 7.6ZB 将增至 2025 年的 48.6ZB，复合年增长率达 30.35%，超过美国同期的数据产生量约 18ZB。在数据储量不断增长的推动下，大数据产业构建出多层次、多样性的市场格局，相关技术不断突破，各种大数据产品相继落地，我国大数据市场产值不断攀升，2020 年已超万亿元。大数据正迎来黄金时期，具有广阔的发展空间。（注：1ZB=1024EB，1EB=1024PB，1PB=1024TB，1TB=1024GB。）

2. 大数据的产生来源

人类采集记录数据已有数千年的历史，但通过人工采集、纸张记录的方式使数据的规模一直维持在较低水平，直到 20 世纪开始，通信技术的发展为人们提供了便捷的数据采集手段和存储媒介，全球数据总量开始呈现指数级增长。

20 世纪 70 年代，数据库的出现使数据管理的复杂度大大降低，数据库被广泛应用于各行业。企业机构开始建立业务系统，如 OA 系统、超市营销系统、银行交易系统、医院医疗系统、政务管理系统等。伴随着日常活动，人们生产、生活的状态都以数字的形式记录下来，不断地存储到数据库中，人类社会数据量出现了第一次飞速提升。

互联网的诞生促使人类社会数据量出现第二次飞跃，21 世纪进入 Web 2.0 阶段，博客、微博、抖音等不断出现的自媒体平台，以及智能手机、平板电脑的大量使用，催生了许多用户的原创内容，此类数据近几年一直呈现爆炸式的增长。

随着物联网的发展，各种极其微小且带有处理功能的传感器被部署到世界各个角落。

传感器不停地感知环境，并将感知的信息以数据形式存储在网络中，自动产生海量数据。这些数据的产生方式相互融合，共同构成了大数据的来源。

3. 大数据的影响

大数据虽然孕育于通信技术，但对社会、经济、生活等多方面都带来了巨大影响。

在技术层面上，大数据推动了计算机领域分布式并行技术的创新与大规模应用，催生出云平台、深度计算服务器、数据存储处理服务器、内存计算等市场，引发数据快速处理分析技术、数据挖掘技术和软件产品的发展。目前，新型产业人工智能的核心就是数据智能，海量的数据为人工智能方法提供了大量学习样本和数据支撑。在社会层面上，大数据处理分析正成为新一代信息技术融合应用的结合点，各行各业的决策逐渐从"业务驱动"转向"数据驱动"。例如，商业领域的大数据分析使得零售商能够实时掌握市场动态，并迅速做出应对，帮助商家制定更加精准有效的营销策略，为消费者提供更加及时和个性化的服务；在医疗领域，医疗数据分析提高了诊断的准确性和药物的有效性；在公共事业领域，大数据也开始在促进经济发展、维护社会稳定等方面发挥重要作用。

大数据正在改变人类的生活方式。大数据技术通过分析人们生活的点滴细节数据洞察未来的需求。例如，新闻网站通过分析用户浏览行为来获得用户阅读兴趣并为其推荐内容；地图 App 采集大量的交通数据，对道路的拥堵情况进行跟踪和预测，为用户规划较好的出行路线。

4. 大数据的安全

大数据时代，从国家到个人的轨迹都被数字化记录下来，很多数据在无形中被收集和存储起来，当出现黑客攻击或工作人员恶意泄露等情况时，这些信息就容易被暴露成为安全隐患，可能会给国家、社会、集体和个人带来严重损失。当今世界，网络空间已成为陆地、海洋、天空、外太空之外的第五空间，网络空间的安全防御已经成为没有硝烟的战场。数据的安全防护成为大数据应用的重点和难点。

保障数据安全需要依赖全社会的力量。国家层面需立法保护个人隐私权利，严格管控涉及隐私方面的信息收集。在法律层面上，对个人网络隐私予以保护，明确处罚溯源责任，从根源上确保信息收集者、泄露者承担责任并接受处罚。大数据行业需建立职业道德规范，规范行业数据的收集和使用，健全行业私人数据保护体系。在个人层面上，需要进行全民教育，引导人们建立安全意识，掌握保护个人安全隐私数据的基本方法。

10.1.2 大数据技术

大数据属于数据科学的范畴，大数据分析是大数据创造价值的重要途径。大数据分析遵循数据科学的工作流程，继承了数据分析的技术和方法，只是当数据量达到某种规模时，需要引入分布式、并行计算、云平台等其他技术实现大规模数据的存储、计算和传输，如图 10-2 所示。

大数据技术	
分析技术	基于分布式框架的 统计方法、机器学习、深度学习
数据存储 与管理	分布式文件系统HDFS、流数据引擎、 分布式数据库、NoSQL数据库
基础架构	集群、云平台 Hadoop、Spark

图 10-2　大数据技术

（1）从底层来看，大数据需要高性能的计算架构和存储系统，如用于分布式计算的 MapReduce、Spark，用于大规模数据协同工作的分布式文件系统 HDFS 等。分布式存储通过大规模集群（Cluster）实现，集群中每个节点存储一部分数据，同时设立管理节点对数据进行管理，保证负载均衡；云存储则通过集群应用、网络技术，使用整个网络中大量不同类型的存储设备通过应用软件集合起来协同工作，共同提供数据存储，保证数据的安全性。

（2）大数据分析的基础是对大数据进行有效管理，为大数据的高效分析提供基本的数据操作，但传统的关系型数据库难以满足要求。新型数据库，如适应高访问负载的键值数据库、分布式大数据管理的列式存储数据库、非结构化的文档数据库及社交网络和知识管理的图形数据库等，这些被统称为 NoSQL 数据库。

（3）传统的统计方法、机器学习和可视化技术在应用于大数据分析时，需要根据数据量大、数据维度高、数据缺乏结构等特性，发展出相应的数据整合、清洗、降维处理等技术，同时发展新的分析方法和技术。深度学习（深度神经网络）就是在大数据推动下演化出的有效方法，现在已广泛应用于各类数据分析领域，包括图像识别、语音处理、推荐系统等。

近年来，随着 5G、AI、云计算、区块链等新一代信息技术的蓬勃发展，大数据技术进一步走向融合发展。

10.1.3　大数据基础设施

随着计算机处理的数据不断增加、处理算法越来越复杂，单台计算机已经无法满足运算需求，将数据计算和数据存储分布到多台计算机上的分布式系统应运而生。

分布式系统使用通信线路将多台计算机连接为一个系统，通过系统软件为用户提供统一服务。这些计算机可以集中管理，也可以分散部署。常见的分布式系统有多种形式，超级计算机、服务器集群、云计算平台从广义上看都可视为分布式系统。

1. 超级计算机

超级计算机采用专用高速网络将大量处理器连接起来，提供海量数据的高速运算处理能力。设计超级计算机的主要目标如下。

（1）加快求解速度。需要串行执行 2 周时间的计算任务，如果使用 100 个处理器并行处理，能够加速 50 倍，那么计算时间将缩短至 6.72 小时。

（2）提高求解规模。如果单个处理器的内存为 8GB，只能计算求解 50 万个参数的问题。当求解问题的模型的参数达到 1 亿个时，可以联合 200 个计算节点，将问题求解规模扩大 200 倍。

超级计算机的核心技术是超大规模并行计算，其解决大数据计算的基本方法是，先将数据集划分为多个子集，把应用分解为多个子任务，然后将数据子集和子任务分配给不同的计算节点处理，并保证各节点之间相互协同，可并行地执行子任务。

目前，世界上领先的超级计算机，集成了数百万、上千万个处理器核，其运算速度达到数十亿亿次/s。我国的神威·太湖之光、天河二号等超级计算机（如图 10-3 所示）在超算 TOP100 中始终处于前列。超级计算机已经广泛应用于密码研究、核爆模拟、武器研制、气象气候、石油勘探、海洋环境、航空航天、宇宙模拟、材料科学、工业设计、地震模拟、人工智能、深度学习、生物医药、基因工程、动漫渲染、过程控制、数据挖掘、金融分析、公共服务等各种领域，以及各种"高、精、尖"的前沿科学研究中。

（a）神威·太湖之光（10 649 600 个处理器核）　　（b）天河二号（4 981 760 个处理器核）

图 10-3　中国的超级计算机

2. 服务器集群

服务器集群是提升服务器整体计算能力的解决方案。与超级计算机不同，它采用标准服务设备相互连接组成一个分布式系统，成为一个虚拟的服务器对外提供统一的服务。集群同样采用并行技术，使得多台服务器能够并行计算，提高计算速度。同时集群中的服务器也可以互为备份，当某台服务器出现故障后，整个系统仍能正常运行。目前单集群的规模可达 5000～10000 台服务器，支撑海量数据的存储和计算。

集群服务器大致可以分为 3 类。

（1）高性能计算（High Performance Computing，HPC）集群，通过为集群开发的并行应用程序，将任务分配到多台服务器上共同执行，常用来解决复杂的科学问题，如天气预报、石油勘探与油藏模拟、分子模拟、生物计算等。

（2）负载均衡（Load Balance，LB）集群，将客户端的任务较均衡地分布到集群环境的计算和网络资源中，提高任务的处理效率，常见的如 Web 服务器集群，为网站的大流量 Web 访问提供服务。

（3）高可用性（High Availability，HA）集群，利用集群系统的容错性对外提供 7×24 小时不间断的服务，保证文件服务、数据库服务等关键应用的高度可靠性。

3. 云计算平台

云计算提供了一种通过互联网使用计算资源的服务模式。云计算的核心思想是将大量用网络连接的计算资源统一管理和调度，构成一个可配置的计算资源共享池，向用户提供按需服务。提供资源的网络称为"云"或"云平台"。云平台中的资源在使用者看来是可以无限扩展的，并且可以随时获取，按需使用和付费。

云计算环境下，用户不再使用传统的购买方式获取硬件设施、开发平台、应用软件等资源，而是通过租赁方式从云供应商那里获取。云供应商提供的服务模式分为 3 个层次：IaaS（基础设施即服务）、PaaS（平台即服务）和 SaaS（软件即服务），如图 10-4 所示。用户可以根据需要租赁任何一个层次的服务，在其上构建自己的内部应用或直接使用已有的应用服务。

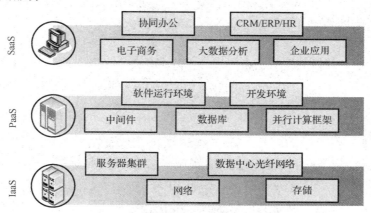

图 10-4　云服务模式的层次

10.2　分布式计算框架

分布式计算框架是在分布式硬件平台上，为用户开发大数据应用提供分布式文件存储、分布式计算的编程框架。

目前主流的开源计算框架是 Hadoop 和 Spark。Hadoop 为用户提供了系统底层细节透明的分布式基础架构，其核心是 HDFS 和 MapReduce。Spark 则是基于内存计算的并行计算框架，可用于构建大型低延迟的数据分析应用程序，运行于多种集群模式中，如 Hadoop、Amazon EC2 等云环境。

阿里巴巴公司也拥有自主研发的飞天大数据计算引擎 Apsara，单一引擎可建立 10 万台服务器的集群，是一个有 AI "加持"的全域大数据平台，能够将离线计算、实时计算、机器学习、搜索、图计算等引擎协同起来对云上客户提供服务。

10.2.1 Hadoop 概述

Hadoop 起源于 Apache Lucence 项目下的搜索引擎子项目 Nutch 的分布式文件系统 NDFS，项目负责人受到 Google 的大规模数据并行处理技术 MapReduce 的启发，将两者结合起来，命名为 Hadoop。Hadoop 自推出以来，经历了数十个版本的演化，目前主要使用的是 Hadoop 2.0 版本。

1. Hadoop 工作原理

Hadoop 的核心模块包括分布式文件系统 HDFS（Hadoop Distributed File System）、YARN 集群资源管理系统及 MapReduce 分布式计算框架，其中，HDFS 为分布式计算存储提供文件系统的底层支持，MapReduce 实现分布式并行计算过程，YARN 是一个通用资源管理系统，可为上层应用提供统一的资源管理和调度，为集群在利用率、资源统一管理和数据共享等方面带来便利。

Hadoop 采用主/从结构部署在计算机集群上，将集群节点分为主节点和从节点。主节点负责 3 个关键功能模块 HDFS、YARN 和 MapReduce 的运行，从节点则负责数据存储和计算。

Hadoop 处理大规模数据的基本思想是"分组合并"，它先将数据按照算法分成多份，每份在从节点上进行存储和计算，然后将每个从节点的结果合并计算得到最终结果。

2. HDFS

HDFS 管理一个单独的名称节点（NameNode，运行在主节点上）和多个数据节点（DataNode，运行在从节点上），它将客户端（Client）上的文件数据分割成若干数据块（Block，简称块），分布到多个数据节点上存储，如图 10-5 所示。

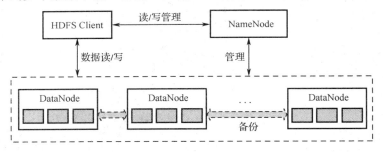

图 10-5　HDFS 文件系统结构图

（1）名称节点负责管理文件系统的命名空间，存储文件的具体信息，包括文件信息、文件对应的多个块信息，以及块所属的数据节点信息。对于整个集群来说，HDFS 通过名称节点对用户提供单一的命名空间。客户端通过名称节点获取文件的存储信息。

（2）数据节点管理本节点上的存储设备，将存储空间划分为多个块，处理来自客户端的读/写请求，执行块的创建、删除、复制等操作。它周期性地将块信息发送给名称节点。通常每一个数据节点都对应一个物理节点。

HDFS 主要具有以下特点。

（1）支持大文件存储。HDFS 适合存储大文件，单个文件大小可为 GB 级到 TB 级，甚至 PB 级，但存储大量的小文件则效率较低。

（2）高容错性。HDFS 为数据提供多副本保存方案，部分硬件的损坏不会导致全部数据的丢失。

（3）高吞吐量。HDFS 采用的是"一次性写，多次读"的文件访问模型，一个文件经过创建、写入和关闭之后就不需要改变。这个假设简化了数据一致性问题，并且使高吞吐量的数据访问成为可能。

（4）流式数据访问。HDFS 的设计中更多地考虑了数据批处理，而不是用户交互处理。读取整个数据集要比读取一条记录更加高效。

3．Hadoop 生态系统

Hadoop 项目经过多年发展逐渐成熟，成为一个包含 HDFS、MapReduce、HBase、Hive、ZooKeeper 等系列组件的大数据处理平台和生态系统，如图 10-6 所示。

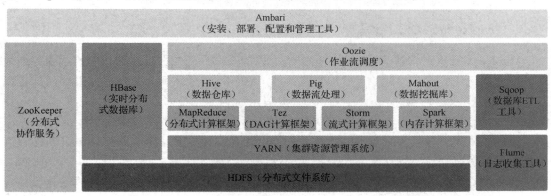

图 10-6　Hadoop 的生态系统

Hadoop 系统的应用建立在 HDFS 和 MapReduce 分布式计算框架之上。其中，ZooKeeper 主要是用来解决分布式应用中经常遇到的一些数据管理问题，实现统一命名、状态同步、集群管理、配置同步，简化分布式应用协调及其管理的难度。Ambari 是 Hadoop 的管理工具，可以快捷地监控、部署、管理集群。Sqoop 用于在 Hadoop 与传统的数据库之间传递数据。

Hadoop 2.x 后，在 YARN 基础上逐渐发展出多种计算框架，可以满足不同类型大规模数据计算的需要。

（1）MapReduce（分布式并行计算框架）：批量数据计算模型，将在 10.2.2 节中详细介绍。

（2）Tez（DAG 计算框架）：支持 DAG（有向图）作业的计算框架，可作为 MapReduce/Pig/Hive 等系统的底层数据处理引擎。

（3）Storm（流式计算框架）：分布式实时计算系统，处理业务数据产生的大规模实时数据流。

（4）Spark（内存计算框架）：对 MapReduce 进行改进，基于 DAG（有向无环图）实现快速的分布式并行计算。现基于 Spark 已发展出一整套计算框架。

（5）HBase（实时分布式数据库）是 NoSQL 类型的高可靠性、高性能、面向列、可伸缩的分布式数据库。Hive 则是数据仓库工具，无须 MapReduce 编程，通过类 SQL 语句实现分布式统计。

（6）Pig（数据流处理）是一个基于 Hadoop 的大规模数据分析工具，Mahout（数据挖掘库）则是一个可扩展的机器学习和数据挖掘经典算法库。

10.2.2 MapReduce 分布式计算

为了能对存储在 HDFS 中的大规模数据进行并行化的计算处理，Hadoop 提供了一个 MapReduce 并行计算框架，也可以称为一种编程模型。MapReduce 采用分而治之的思想，先把任务分发到集群的多个节点上，并行计算后再将结果合并得到最终计算结果。MapReduce 将复杂的并行计算过程映射为两个简单操作：Map（映射）和 Reduce（归约），所涉及的任务调度、负载均衡、容错处理等都由框架完成，无须编程人员实现。

1. MapReduce 的工作原理

MapReduce 负责有效管理和调度整个集群中的节点，完成并行化的程序执行和数据处理，尽可能地让数据在存储节点本地完成计算。MapReduce 中负责管理和调度的是部署在主节点上的作业追踪器（JobTracker），负责数据计算的是部署在从节点上的任务追踪器（TaskTracker）。作业追踪器可以与 HDFS 的名称节点部署在同一个物理主节点服务器上，在系统规模较大、各自负载较重时，两者也可以分开部署，但计算节点会与 HDFS 的数据节点配对部署在同一个物理从节点服务器上。

计算节点上执行的任务可以分为 Map 和 Reduce 两种。MapReduce 将输入数据分片，交给不同的 Map 任务执行，然后由 Reduce 任务合并得到最终结果，其实际处理过程可以分解为 Input、Map、Shuffle、Reduce、Output 等阶段，如图 10-7 所示。

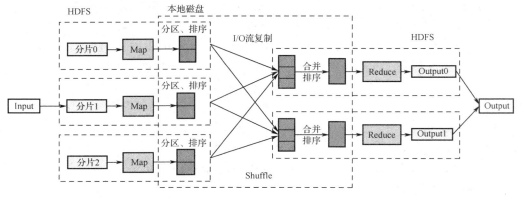

图 10-7　MapReduce 任务处理过程

　　实现分布式并行计算过程，编程人员只需定义 Map 和 Reduce 的实现方法，其他步骤都由 MapReduce 自动完成，具体过程如下。

　　（1）输入数据由框架按照分片规则分为多片，每个分片由单个 Map 任务处理。每个分片的数据被表示为若干<key, value>形式的键值对数据，Map 依次处理每个键值对数据，处理结果也表示为<key, value>形式。

　　（2）框架将产生的<key, value>形式中间结果按照 Reduce 任务数 R 进行分区、排序，然后按照 key 对 value 进行合并（如果包含合并过程），结果被写入本地文件中。

　　（3）框架根据 key 的范围将每个 Map 产生的中间结果分为 R 份，分发给运行 Reduce 任务的节点，并行执行。

　　（4）每个 Reduce 任务不断合并来自各个 Map 任务的数据排序，收到所有数据后再执行定义的 Reduce 方法，产生结果，写入 HDFS 中。

　　在 MapReduce 任务处理过程中，Shuffle 阶段分别包含在 Map 任务和 Reduce 任务中，由 MapReduce 框架实现。不同 Map 任务之间，以及不同 Reduce 任务之间都不会进行通信和信息交换，所有的信息交换也都由框架来完成。

2. MapReduce 计算实例：单词计数

　　使用 MapReduce 编程的重点在于从问题的求解过程中找出可以并行处理的步骤，下面以单词计数为例进行介绍。

　　【例 10-1】　单词计数的目标是统计多个文本文件中每个英文单词出现的次数。通常的处理方法是逐个检查文本中出现的单词，若单词不存在，则放入单词表中，计数为 1；如果单词已在单词表中存在，则计数加 1。

　　为了将此过程并行化，可以考虑将文本切分成多个片段，并行解析每个片段的单词表，排序合并后再统计每个单词的个数。采用 MapReduce 实现时，每个片段作为一个分片，编程定义 Map 方法实现单个片段的单词解析得到单词表，定义 Reduce 方法实现多个单词表的计数合并。

　　图 10-8 所示的计算过程中将文本分成 3 个片段，依次为"Deer Bear River"、"Car Car River"和"Deer Car Bear"，Map 任务执行后得到 3 个单词表，Map 阶段每个单词计数均为 1。Reduce 阶段用了两个 Reduce 任务，每个任务统计部分单词的出现个数，合并起来得到最后输出。

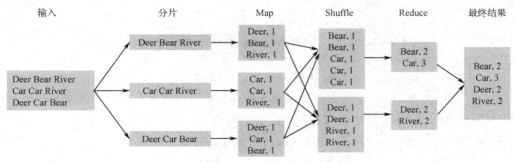

图 10-8　单词计数的 MapReduce 过程

3. 基于 Python 语言实现 MapReduce 计算

Hadoop 框架采用 Java 实现，但 MapReduce 应用程序可以使用多种语言开发。编程人员只需要编程实现 Map 方法和 Reduce 方法即可。这里仍然延续使用 Python 语言说明实现过程。

（1）Map 方法。

Map 方法的输入数据来自文件，数据处理为<key,value>形式的结果，以<Text,Int>的形式输出键值对到文件中，每个键值对输出为文件中的一行。

```python
import sys                              #引入 Python 系统库，对文件进行操作
for line in sys.stdin:                  #按行取出输入文件的文本
    line = line.strip()                 #去掉字符串首尾的空格
    words = line.split()                #将每行文本分割为单词
    for word in words:
        print("%s\t%s" % (word,1))      #输出<Text,Int>键值对到文件中
```

（2）Reduce 方法。

框架在调用 Reduce 方法处理数据之前，Map 方法的结果已通过 Shuffle 阶段（分区、排序、合并）整理，无须用户编程。Reduce 方法的输入数据为存放了多行<key,value>的文件，Reduce 方法按照 key 对 value 进行求和，将得到的<key,value>集合输出到文件中。

```python
import sys
word_dict = {}                          #初始化词典
for line in sys.stdin:                   #处理每个 Map 的输出结果
    line = line.strip()
    word, count = line.split('\t')      #将每行文件中的 key 和 value 取出
    //若有新出现的 key，则添加到词典中，否则已有 key 的 value 加 1
    word_dict[word] = word_dict.get(word, 0) +1

for k, v in word_dict.items():
    print("%s\t%s" % (k, v))
```

10.2.3 Spark 生态系统

Hadoop 的 MapReduce 适合对大规模静态数据集进行批量操作，但存在一些缺陷，如计算方法表达能力有限、文件读/写开销大，延迟高，难以胜任复杂的多阶段的计算任务。

Spark 继承了 MapReduce 分布式并行的优点，采用内存计算支持流式大数据处理。它将中间结果放到内存中，无须进行文件读/写，在反复迭代的任务中省去了大量的磁盘操作，提高了处理效率，能够更好地实现迭代式的数据分析任务，如机器学习的方法。

Spark 基于抽象的元素集合 RDD、DataFrame 提供了比 Map、Reduce 更丰富的基本操作，支持基于 DAG 的更复杂任务调度机制，能够更好地控制中间结果的存储和分区。

　　尽管与 Hadoop 相比，Spark 有着较大优势，但并不能完全取代 Hadoop。由于 Spark 基于内存进行数据处理，不适合数据量特别大的任务，更适合数据量相对较小但需要反复读/写数据的应用，以及实时统计分析场景。

　　Spark 的生态系统包括 Spark Core 为核心发展出的系列功能组件，如图 10-9 所示。Spark 能够读取传统文件（如文本文件）、HDFS、Amazon S3、Alluxio 和 NoSQL 等数据源，利用 Standalone（单机模式）、YARN 和 Mesos 等资源调度管理，完成应用程序的分析与处理。

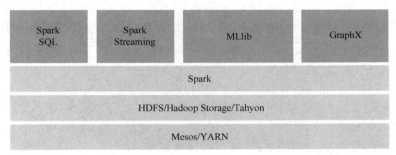

图 10-9　Spark 生态系统

　　（1）Spark SQL 是专门用来处理结构化数据的模块，允许开发人员直接处理数据库的关系表和 Spark 核心的 RDD，还可以查询 Hive、HBase 上的外部数据，同时进行复杂的数据分析。

　　（2）Spark Streaming 是一个对实时数据流进行高吞吐量、高容错率的流式处理系统，可以对多种数据源（如 Kafka、Flume、Twitter 和 ZeroMQ 等）进行类似 Map、Reduce 和 Join 等复杂操作，并将结果保存到外部文件系统、数据库中或直接发布到应用中。

　　（3）MLlib（Machine Learning）是专注于机器学习的组件，它实现了一些常见的机器学习算法和工具。开发人员只要具备了一定的理论知识，就能够使用机器学习方法处理大规模数据。

　　（4）GraphX 是用于图及其并行计算的 API，可以高效地完成图计算的完整流水作业。

10.2.4　Spark 分布式计算

1. Spark RDD

　　Spark 的核心建立在统一的抽象 RDD（Resillient Distributed Dataset，弹性分布数据集）之上。RDD 是包含了数据的元素集合，只能读不能直接修改。RDD 提供了一组丰富的操作以支持常见的数据运算，除 Map、Reduce 外，还包括 Filter、FlatMap、Sample、GroupByKey、ReduceByKey、Union、Cogroup、MapValues、Sort、PartionBy、Count、Collect、Lookup、Save 等。大数据计算任务从逻辑上被定义为多个 RDD 及数据之间操作关系的有向图。

　　如图 10-10 所示，将某任务输入的数据读入 A 和 C 两个 RDD 中，经过一系列操作转换为一个 RDD F，最后计算输出结果。

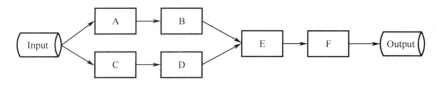

图 10-10　Spark 任务的有向图

每个 RDD 可以分成多个分区，每个分区就是一个数据集片段。一个 RDD 的不同分区可以保存到集群中不同的节点上进行并行计算。开发人员无须关心底层数据的分布式特性，只需将具体的应用逻辑表达为一系列 RDD 的转换操作，就能完成复杂、多阶段的大数据计算任务。

2．Spark DataFrame

RDD 是分布式的对象集合，例如，学生集合 RDD 包含了多个学生信息，Spark 并不知道每个学生的具体数据。为了更方便地处理二维表格数据，Spark 推出了类似于 pandas 中的 DataFrame，详细定义了每行数据的列结构，除支持 RDD 已有的操作外，还支持一系列基于列的操作，减少了无关数据的读取，优化了执行计划，提升了任务执行效率。

DataFrame 是由 Spark SQL 模块提供的，可以从不同的数据源构建 DataFrame，如结构化数据文件、Hive 的表、外部数据库或现有的 RDD。处理 DataFrame 数据时也可以将其当作一个关系型数据表使用，通过 spark.sql() 的方式直接执行数据库的查询语句（SQL），将查询结果作为一个新的 DataFrame 返回。

3．使用 Spark DataFrame 实现 WordCount

Spark 使用一种面向对象的函数式编程语言 Scala 来编写程序。Scala 运行于 Java 平台（JVM，Java 虚拟机）上，并兼容现有的 Java 程序，但 Spark 也支持使用 Java、Python、R 作为编程语言。DataFrame 的应用程序编程接口（API）可以在 Scala、Java、Python 和 R 等多种语言中使用。

【例 10-2】　统计《哈利·波特与魔法石》英文版原文中出现的单词及其频次，实现步骤如下：

（1）读取文本文件内容，创建 DataFrame 对象；

（2）转换字符串中的所有英文大写字母为小写形式，除去标点符号，把字符串切分为单词；

（3）统计各单词出现的次数。

下面以 Python 为例给出程序代码。

```
from pyspark.sql import SparkSession
#创建应用程序 WordCount
spark = SparkSession.builder.appName("WordCount").getOrCreate()

#读取 txt 格式的文本文件,创建 DataFrame 对象
```

```
df = spark.read.text("data\HarryAndStone.txt")
df.show(20)   #显示 DataFrame 对象前 20 条数据
#导入 DataFrame 对象的相关方法
from pyspark.sql.functions import lower, explode, split
#全部转化为小写字母，alias()返回指定的列名，也可用 f.col('value')表示列
lower_df = df.select(lower(df.value).alias('value'))

#切割字符串，根据 split()返回的单词列表，使用 explode()拆分成多行
words = lower_df.select(explode(
                    split(lower_df.value, "\\W+")).alias("word"))

#计数
num = words.groupBy(words.word).count()
num.show()
```

10.3 分布式建模分析工具

10.3.1 Hadoop Mahout

Mahout 是基于 Hadoop 的机器学习和数据挖掘分布式框架，它提供一些可扩展的机器学习领域经典算法的实现，包括聚类、分类、推荐过滤、频繁子项挖掘等常用算法，帮助开发人员快捷地实现大规模的建模分析应用。目前，Mahout 也开始支持 Spark，提高了分析速度。

当所处理的数据规模远大于单机处理能力时，可以选择 Mahout 作为机器学习工具。它提供的主要算法库，以及支持的运行模式如表 10-1 所示。

表 10-1　Mahout 提供的主要算法库和运行模式

类　别	算　法	运 行 模 式		
		单机	Hadoop	Spark
协同过滤算法	基于用户的协同过滤算法	√		√
	基于项目的协同过滤算法	√	√	√
	基于 ALS（交替最小二乘）的矩阵分解算法	√	√	
	基于隐式反馈 ALS 的矩阵分解算法	√	√	
	SVD++（奇异值分解）	√		
	加权矩阵分解	√		
分类算法	逻辑回归（Logistic Regression）	√		
	朴素贝叶斯/补充朴素贝叶斯		√	√
	随机森林		√	
	隐马尔可夫模型	√		
	多层感知器	√		

续表

类　别	算　法	运 行 模 式		
		单机	Hadoop	Spark
聚类算法	K-means 聚类	√	√	
	模糊（Fuzzy）K-means	√	√	
	流（Streaming）K-menas	√		
	谱（Spectral）聚类		√	
降维模型	奇异值分解（SVD）	√	√	√
	随机 SVD	√	√	√
	主成分分解（PCA）	√	√	√
	正三角（QR）分解	√	√	√
主题模型	隐含狄利克雷分布（LDA）	√	√	

10.3.2　Spark MLlib

MLlib 是 Spark 的机器学习（ML）库，提供了一系列通用的机器学习算法和工具，使得机器学习可方便地扩展到大规模的数据应用上。

MLlib 包含了常用机器学习算法的分布式实现，开发者只需有 Spark 基础，了解机器学习的基本原理、算法参数的含义，即可调用算法的 API 来实现海量数据建模分析过程。MLlib 提供的工具如图 10-11 所示。

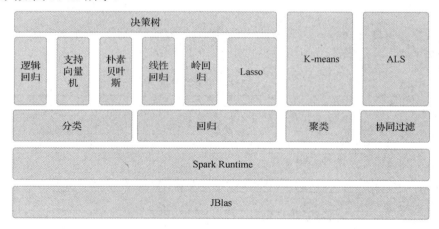

图 10-11　Spark MLlib 提供的工具

MLlib 主要由以下 4 部分组成。

（1）数据类型：定义了向量、带类别的向量、矩阵、DataFrame 等。

（2）统计计算库：基本统计量、相关分析、随机数、假设检验等。

（3）算法评估：AUC、准确率、召回率、F-measure 等。

（4）机器学习算法：通用学习算法，如分类、回归、聚类和协同过滤等，如表 10-2 所示。

表 10-2　Spark 机器学习算法

	离 散 数 据	连 续 数 据
监督学习	分类、逻辑回归（弹性网络） 支持向量机、决策树、随机森林、GBDT、朴素贝叶斯、多层感知器、一对多	回归、线性回归（弹性网络） 决策树、随机森林、GBDT、AFT 生存回归、保序回归
无监督学习	聚类、K-means、混合高斯、隐含狄利克雷分布、幂迭代聚类、二分 K-means	降维、矩阵分解 主成分分解、奇异值分解、交替最小二乘、加权、最小二乘

MLlib 中主要包含了适合并行执行的机器学习算法，有些经典的算法不适合并行执行，未被包含其中。

10.3.3　Spark MLlib 建模分析

MLlib 提供的库与基于 Python 的科学计算库非常相似。近年来 MLlib 提供了基于 DataFrame（DataSet）数据结构的 API（spark.ml 库），可以用来构建机器学习工作流（PipeLine），使得很多单机版本的机器学习算法实现可以便捷地改写为基于 MLlib 的分布式系统，方便了应用开发。

下面以 K-means 算法为例，展示 MLlib 算法库的使用方法。

【例 10-3】　本例从豆瓣网站中获取了 2015 年国产影片的评分和评价人数进行聚类分析。数据集中不包含电影的名字。

实现的主要代码如下。

```
from pyspark.sql import SparkSession
spark = SparkSession.builder.appName("movie_kmeans").getOrCreate()
#定义读取文件的数据格式
from pyspark.sql.types import *
csvSchema = StructType([StructField("rating", FloatType(), True),
                        StructField("number", FloatType(), True),])
#读取 csv 格式的文件，指定路径和 Schema
df = spark.read.csv("data\movieRating.csv", csvSchema)
#df.show(10)

#创建转换器，使用一列整合特征（评分和评价人数列）
from pyspark.ml.feature import VectorAssembler
featuresCreator = VectorAssembler(inputCols = ["score", "number"],
                                  outputCol = "features")

#创建 K-means 聚类模型，聚为 3 类
from pyspark.ml.clustering import KMeans
```

```
kmeans = KMeans(k = 3)
#训练模型
from pyspark.ml import Pipeline
pipeline = Pipeline(stages = [featuresCreator, kmeans]) #初始化管道
model = pipeline.fit(data_df)  #拟合模型
predictions = model.transform(data_df)  #DataFrame 转换
predictions.show()  #显示聚类结果

#评估模型，计算平均轮廓系数
from pyspark.ml.evaluation import ClusteringEvaluator
evaluator = ClusteringEvaluator() #初始化评估器
silhouette = evaluator.evaluate(predictions)
print(silhouette)
```

综合练习题

查找资料，了解自己专业领域或感兴趣领域的大数据应用案例，包括应用目标、数据来源、采用的技术平台、分析技术及应用价值等，撰写一份调研报告。

参 考 文 献

[1]　格鲁斯. 数据科学入门（第 2 版）. 岳冰，高蓉，韩波，译. 北京：人民邮电出版社，2021.

[2]　舒特，奥尼尔. 数据科学实战. 冯凌秉，王群锋，译. 北京：人民邮电出版社，2015.

[3]　范淼，李超. Python 机器学习及实践——从零开始通往 Kaggle 竞赛之路. 北京：清华大学出版社，2016.

[4]　奎斯塔，库马尔. 实用数据分析. 刁晓纯，译. 北京：机械工业出版社，2017.

[5]　张良均，谭立云，刘名军，等. Python 数据分析与挖掘实战（第 2 版）. 北京：机械工业出版社，2019.

[6]　伊德里斯. Python 数据分析实战. 冯博，严嘉阳，译. 北京：机械工业出版社，2017.

[7]　肖莱. Python 深度学习. 张亮，译. 北京：人民邮电出版社，2018.

[8]　俞栋，邓力，等. 解析深度学习：语音识别实践. 俞凯，钱彦旻，等，译. 北京：电子工业出版社，2016.

[9]　武志学. 大数据导论：思维、技术与应用. 北京：人民邮电出版社，2019.

[10]　李东方，文欣秀，张向东. Python 程序设计基础（第 2 版）. 北京：电子工业出版社，2017.

反侵权盗版声明

　　电子工业出版社依法对本作品享有专有出版权。任何未经权利人书面许可，复制、销售或通过信息网络传播本作品的行为，歪曲、篡改、剽窃本作品的行为，均违反《中华人民共和国著作权法》，其行为人应承担相应的民事责任和行政责任，构成犯罪的，将被依法追究刑事责任。

　　为了维护市场秩序，保护权利人的合法权益，我社将依法查处和打击侵权盗版的单位和个人。欢迎社会各界人士积极举报侵权盗版行为，本社将奖励举报有功人员，并保证举报人的信息不被泄露。

举报电话：（010）88254396；（010）88258888

传　　真：（010）88254397

E-mail：　dbqq@phei.com.cn

通信地址：北京市海淀区万寿路 173 信箱
　　　　　电子工业出版社总编办公室

邮　　编：100036